科技部重点研发计划"蓝色粮仓"科技创新 重大科技成果｜稻渔工程丛书
江西省现代农业（特种水产）产业技术体系

稻渔工程
——稻田养鳖技术

丛书主编　洪一江

本册主编　赵大显　简少卿

本册副主编　彭　扣　韩学忠

本册编著者（按姓氏笔画排序）

马本贺　王军花　王传树　方　磊　刘文玉

许亮清　李思明　肖　敏　吴国辉　金　峰

赵　广　赵大显　洪一江　洪华贵　黄　滨

彭　扣　韩学忠　简少卿

U0274798

中国教育出版传媒集团

高等教育出版社·北京

内容简介

本书主要介绍了稻田养鳖技术,包括稻鳖品种介绍、稻鳖综合种养田间工程、中华鳖苗种繁育、稻鳖综合种养管理、稻鳖病害防控、中华鳖起捕运输、稻鳖综合种养实例和稻鳖综合种养营销推广等八章内容,详细阐述了各方面的技术环节和经营机制。

本书以稻田种养理论为基础,与生产实践紧密结合,注重技术方法介绍、模式分析和生产指导,是一部有实际应用价值的参考书,适合从事农田生产和水产养殖的实际工作者和管理人员学习与参考,亦可作为高校农学、水产相关专业实践类教材,以及水产科技人员的培训教材。

图书在版编目(C I P)数据

稻渔工程. 稻田养鳖技术 / 赵大显,简少卿主编.
-- 北京:高等教育出版社,2022.11
(稻渔工程丛书 / 洪一江主编)
ISBN 978-7-04-058855-2

Ⅰ.①稻… Ⅱ.①赵… ②简… Ⅲ.①水稻栽培②稻田－鳖－淡水养殖 Ⅳ.①S511②S966.5

中国版本图书馆 CIP 数据核字(2022)第 108972 号

Daoyu Gongcheng: Daotian Yangbie Jishu

策划编辑 吴雪梅   责任编辑 高新景   特约编辑 郝真真
封面设计 贺雅馨   责任印制 赵义民

出版发行 高等教育出版社   咨询电话 400-810-0598
社　　址 北京市西城区德外大街4号   网　址 http://www.hep.edu.cn
邮政编码 100120   http://www.hep.com.cn
印　　刷 北京中科印刷有限公司   网上订购 http://www.hepmall.com.cn
开　　本 880mm×1230 mm 1/32   http://www.hepmall.com
印　　张 4.75   http://www.hepmall.cn
插　　页 1   版　次 2022 年 11 月第 1 版
字　　数 140 千字   印　次 2022 年 11 月第 1 次印刷
购书热线 010-58581118   定　价 26.00元

《稻渔工程丛书》编委会

数字课程（基础版）

稻渔工程
——稻田养鳖技术

丛书主编　洪一江
本册主编　赵大显　简少卿

 Abook

稻渔工程——稻田养鳖技术

《稻渔工程——稻田养鳖技术》数字课程与纸质图书配套使用，是纸质图书的拓展和补充。数字课程包括彩色图片、稻鳖共作绿色生产技术规程等，便于读者学习和使用。

用户名：	密码：	验证码：	5 3 6 0　忘记密码？	登录	注册 □

http://abook.hep.com.cn/58855

扫描二维码，下载Abook应用

序

中国稻田养鱼历史悠久，是最早开展稻田养鱼的国家。早在汉朝时，在陕西和四川等地就已普遍实行稻田养鱼，至今已有2 000多年历史。现今知名的浙江青田"稻渔共生系统"始于唐朝，距今也有1 200多年历史。光绪年间的《青田县志》载："田鱼，有红、黑、驳数色，土人在稻田及圩池中养之。"青田"稻渔共生系统"2005年被联合国粮农组织列为全球重要农业文化遗产，也是我国第一个农业文化遗产。然而，直至中华人民共和国成立前，我国稻田养鱼基本上都处于自然发展状态。中华人民共和国成立后，在党和政府的重视下，传统的稻田养鱼迅速得到恢复和发展。1954年第四届全国水产工作会议上，时任中共中央农村工作部部长邓子恢指出"稻田养鱼有利，要发展稻田养鱼"，正式提出了"鼓励渔农发展和提高稻田养鱼"的号召；1959年全国稻田养鱼面积突破$6.67 \times 10^5 \text{ hm}^2$。1981年，中国科学院水生生物研究所倪达书研究员提出了稻鱼共生理论，并向中央致信建议推广稻田养鱼，得到了当时国家水产总局的重视。2000年，我国稻田养鱼面积发展到$1.33 \times 10^6 \text{ hm}^2$，成为世界上稻田养鱼面积最大的国家。进入21世纪后，为克服传统的稻田养鱼模式品种单一、经营分散、规模较小、效益较低等问题，以适应新时期农业农村发展的要求，"稻田养鱼"推进到了"稻渔综合种养"和"稻渔生态种养"的新阶段和新认识。2007年"稻田生态养殖技术"被选入2008—2010年渔业科技入户主推技术。2017年，我国首个稻渔综合种养类行业标准《稻渔综合种养技术规范　第1部分：通则》（SC/T 1135.1—2017）发布。2016—2018年，连续3年中央一号文件和相关规划均明确表示支持稻渔综合种养发展。2017年5月农业部部署国家级稻渔综合种养示范区创建工作，首批 33 个基地获批国家级稻渔综合种养示范区。至 2020 年，全国稻渔综合种养面积超过 2.53×10^6 hm^2。2020 年 6 月 9 日，习近平总书记考察宁夏银川贺兰县稻渔空间乡村生态观光园，了解稻渔种养业融合发展的创新做法，指出要注意解决好稻水矛盾，采用节水技术，积极发展节水型、高附加值的种养业。

为促进江西省稻渔综合种养技术的发展，在科技部、江西省科技厅、江西省农业农村厅渔业渔政局的大力支持下，在科技部重点研发计划"蓝色粮仓科技创新"重大专项"井冈山绿色生态立体养殖综合技术集成与示范"、国家贝类产业技术体系、江西省特种水产产业技术体系、江西省科技特派团、江西省渔业种业联合育种攻关等项目资助下，2016 年起，洪一江教授组织南昌大学、江西省水产技术推广站、江西省农业科学院、江西省水产科学研究所、南昌市农业科学院、九江市农业科学院、玉山县农业农村局等专家团队实施了稻渔综合种养技术集成与示范项目，从养殖环境、稻田规划、品种选择、繁育技术、养殖技术、加工工艺以及品牌建设等全方位进行研发和技术攻关，形成了具有江西特色的稻虾、稻鳖、稻蛙、稻鳅和稻鱼等"稻渔工程"典型模式。该种新型的"稻渔工程"是以产业化生产方式在稻田中开展水产养殖的方式，以"以渔促稻、稳粮增效"为指导原则，是一种具有稳粮、促渔、增收、提质、环境友好、发展可持续等多种生态系统功能的稻渔结合的种养模式，取得了良好的经济、生态和社会效益。

作为中国稻渔综合种养产业技术创新战略联盟专家委员会主任，2017 年，我受邀在江西神农氏生态农业开发有限公司成立江西省第一家稻渔综合种养院士工作站，洪一江教授的团队作为院士工作站的主要成员单位，积极参与和开展相关技术研究，他们在江西省开展了大量"稻渔工程"产业示范推广工作并取得了系列重要成果。例如，他们帮助九江凯瑞生态农业开发有限公司、江西神农氏生态农业开发有限公司先后获得国家级稻渔综合种养示范区称号；

首次提出在江西南丰县建立国内首家中华鳖种业基地并开展良种选育;首次提出"一水两治、一蚌两用"的生态净水理念并将创新的"鱼 – 蚌 – 藻 – 菌"模式用于实践,取得了明显效果。他们在国内首次提出和推出"稻 – 鱼 – 蚌 – 藻 – 菌"模式应用于稻田综合种养中,成功地实现了农药和化肥使用大幅度减少60%以上的目标,对保护良田,提高水稻和水产品质量,增加收入具有重要价值。以南昌大学为首的科研团队也为助力乡村振兴提供了有力抓手,他们帮助和推动了江西省多个地区和县市的稻渔综合种养技术,受到《人民日报》《光明日报》《中国青年报》、中央广播电视总台、中国教育电视台等主流媒体报道。南昌大学"稻渔工程"团队事迹入选教育部第三届省属高校精准扶贫精准脱贫典型项目,更是获得第24届"中国青年五四奖章集体"荣誉称号,特别是在人才培养方面,南昌大学指导的"稻渔工程——引领产业扶贫新时代"项目和"珍蚌珍美——生态治水新模式,乡村振兴新动力"项目分别获得中国"互联网 +"大学生创新创业大赛银奖和金奖。

获悉南昌大学、高等教育出版社联合组织了江西省本领域的知名专家和具有丰富实践经验的生产一线技术人员编写这套《稻渔工程丛书》,邀请我作序,我欣然应允。

本丛书有三个特点:第一,具有一定的理论知识,适合大学生、技术人员和新型职业农民快速掌握相关知识背景,对提升理论和实践水平有帮助;第二,具有明显的时代感,针对广大养殖业者的需求,解决当前生产中出现的难题,因地制宜介绍稻渔工程新技术,以利于提升整个行业水平;第三,具有前瞻性,着力向业界人士宣传以科学发展观为指导,提高"质量安全"和"加快经济增长方式转变"的新理念、新技术和新模式,推进标准化、智慧化生产管理模式,推动一、二、三产业融合发展,提高农产品效益。

本丛书内容基本集齐了当今稻渔理论和技术,包括稻渔环境与质量、稻田养鱼技术、稻田养虾技术、稻田养鳖技术、稻田养蛙技术和稻田养鳅技术等方面的内容,可供水产技术推广、农民技能培训、科技入户使用，也可作为大中专院校师生的参考教材，希望它能够成为广大农民掌握科技知识、增收致富的好帮手，成为广大热爱农业人士的良师益友。

　　谨此衷心祝贺《稻渔工程丛书》隆重出版。

中国科学院院士、发展中国家科学院院士

中国科学院水生生物研究所研究员

2022 年 3 月 26 日于武汉

　　长期以来，由于人类过量施用农药和化肥，导致农田生态严重破坏，农作物生产成本也逐年上升，如何提高稻田经济生态效益是摆在农户面前的首要问题。稻田养鳖即是利用稻和鳖的生长特性，充分发挥稻与鳖之间的互利作用，把水稻种植与鳖养殖有机结合，具备优质高产、低耗高效的生态学特点和增产增收经济效果，符合现代生态循环农业发展趋势。稻田养鳖技术作为新型"稻渔工程"的主要推广模式之一，在有效促进自然资源的良性循环利用、提升水土资源利用率、提高农业生产综合效益、减少农业面源污染等方面发挥着重要作用，是实现农业产业绿色、低碳、优质、安全、高效发展的有效路径。

　　鳖具有高蛋白、低脂肪、膳食营养价值较高的特点，深受大众欢迎。鳖的人工养殖也得到快速发展，特别是进入稻田养鳖阶段后技术日渐成熟。但大部分养殖户尚未真正掌握核心养殖技术，养殖仍处于模仿和盲目跟风阶段，对养殖关键技术不清晰，急需成熟的鳖类养殖行业技术标准及专业书籍的指导。

　　稻田养鳖起源于最早的稻田养鱼，但与传统稻田养鱼有重要区别，除了技术水平的提升，重点在于符合产业化的现代农业发展方向。其中，规模化是产业化发展的基础，只有在规模经营的基础上，才可能实现区域化发展、标准化生产、产业化运营和社会化服务。"十三五"以来，江西创建集成并示范推广了稻虾、稻鱼、稻鳖、稻鳅和稻蛙等稻渔综合种养技术模式，其中稻鳖养殖面积和产量均得到大幅度提高。通过实施稻渔综合种养产业发展项目，广大种养户、生产经营主体和从业者充分地认识到，打造稻渔综合种养产业，必须把苗种繁育、综合种养、流通运输、加工贸易、餐饮消费、休闲文旅等集于一体进行全产业链开发，才能为促进乡村产业振兴注入动力、添加活力。

本书的编写分工如下，第一章由洪一江、金峰、吴国辉编写，第二章由赵大显、韩学忠、洪华贵编写，第三章由彭扣、许亮清、赵广编写，第四章由简少卿、黄滨、王传树编写，第五章由李思明、马本贺、肖敏编写，第六章由方磊、刘文玉、吴国辉编写，第七章由简少卿、金峰、洪华贵编写，第八章由王军花、肖敏、王传树编写，附录由赵大显、金峰整理。本书在撰写过程中，参阅了部分国内外同行的研究成果，在此表示真诚的谢意。

本书图片大多在江西添鹏生态农业有限公司、江西神农氏生态农业开发有限公司、江西鄱阳湖甲鱼良种场等基地取景，并得到了当地政府和相关单位的大力支持和帮助，在此一并表示诚挚的感谢。

本丛书承蒙中国稻渔综合种养产业技术创新战略联盟专家委员会主任、中国科学院院士、发展中国家科学院院士、中国科学院水生生物研究所研究员桂建芳先生作序，编著者对此关爱谨表谢忱。

由于生态种养涉及面广，各地自然、社会、经济、文化、历史诸条件均有差异，生产实践多而系统性深入性科学研究尚显不足。编著者虽然一直从事稻鳖生态种养技术研究，但仍觉得有局限性和改进的空间，书中难免出现错误，希望读者能提供宝贵意见和建议，共同促进我国和世界农业生态种养产业的健康发展。

编著者

2022 年 5 月

目 录

第四章　稻鳖综合种养管理 …………………………… 45

第一章

稻鳖品种介绍

第一节　水稻品种

水稻应该选用适合当地种植的茎秆粗壮、分蘖力强、抗倒伏、抗病、丰产性能好、品质优的品种，种植水稻采取早播晚收，一年一季的种植模式。由于该技术后期水稻长期处于灌深水状态，具有较强耐湿能力的品种更佳。

一、品种的选择

选择合适的水稻品种对水稻稳产、高产十分重要。养鳖稻区地理分布广，各地由于地理位置、自然条件及耕种方式等不同，种植的水稻品种繁多，但由于稻鳖综合种养的稻田，水稻的种植环境起了变化，对水稻品种也有共同的要求，总体上应尽量满足以下条件。

1. 分蘖力强

由于沟、坑的开挖，稻鳖共作的稻田减少了10%左右的种植面积，种植面积和植株的减少会影响水稻产量。种植分蘖力强的水稻品种有利于提高水稻有效穗数，增加水稻产量。

2. 耐肥抗倒性好

稻鳖共作的稻田往往是多年养殖鳖的稻田，由于残饵和鳖及其他套养品种的排泄物等的多年沉积，一般土壤肥力较好，且种养结合过程中长期的高水位容易引起水稻后期倒伏。因此，种植的水稻品种要选择茎秆粗壮、耐肥抗倒性好的品种。

3. 抗病虫害能力强

稻鳖种养的稻田一般不用药或病虫暴发期难于控制时少量用药。因此，宜选用抗性好的品种，要重点选择抗稻瘟病和基腐病的品种，可根据当地生产实践，选择稻瘟病抗性在中抗以上、多年种植没有发病或发病很轻的当地品种，兼顾抗纹枯病和白叶枯病的则更好。

4. 生育期长

鳖的生长期在 4—10 月，水稻品种应选择生育期长、收获期在 10 月底或 11 月上旬的中迟熟晚粳稻品种为宜，有利于延长稻鳖共生期，给鳖一个相对安稳的环境。中籼或晚籼类水稻品种一般收获时间在 9 月底至 10 月上中旬，稻鳖共生时间相应会缩短近一个月，不利于鳖的养殖和水稻管理。因此，中籼或晚籼类水稻品种相对不宜选用。

5. 稻米的品质优、口感好

稻鳖种养稻田中生产的大米要求品质优、食味佳，入口软滑口感好，米饭冷而不硬、气味清香，加工包装后可以以较高的价格在市场上销售，提高种植稻米的经济效益，故宜选择产量较高的香型优质米品种。

二、插播模式

水稻的插播时间可选择先放鳖后种水稻和先种水稻后放鳖两种模式。

1. 先放鳖后种水稻模式

采用水育大秧，人工插秧，在 3 月底播种，4 月底插秧（图 1-1）。栽插方式以宽行窄株为宜，一般行距 50 cm，株距 30 cm，每公顷 75 000 丛左右，田埂周围、环沟及田间沟两旁可以充分利用边行优势适当密植，以弥补鳖沟占用面积的损失。鳖种往年放养并在稻田中越冬的宜选取此模式。

图 1-1　稻鳖田中人工插秧

2. 先种水稻后放鳖模式

一般采用机械插秧（图 1-2）。4 月底播种，5 月中旬插完，以宽行窄株模式栽插，一般行距 40 cm，株距 20 cm，每公顷 150 000 丛左右。若用高速插秧机，插 6 行，中间空出 2 行不插，以确保鳖的生活环境通风透气性能好。此模式下鳖种一般在 5 月中旬至 6 月初放养。栽插前可每公顷施有机肥 3 750 ~ 7 500 kg 作基肥，整个生长期不再施肥。

图 1-2　稻鳖田中机械插秧

第二节 鳖 品 种

鳖是稻鳖综合种养模式中主要的水产养殖对象，也是提高稻田综合效益的关键。因此，在进行稻鳖综合种养时要选择优良的养殖品种。

目前，稻田养鳖所选的鳖品种主要为中华鳖，又称甲鱼、团鱼、水鱼。中华鳖市场价格较高，既符合人们的消费习俗，又为消费者所普遍接受。因此，开展稻鳖共生养殖中华鳖，养成的商品鳖品质优，消费市场接受性好、价格较高。

一、品种的选择

1. 养殖品种对环境的适应性

中华鳖分布地域广泛，但主要分布在长江、珠江和黄河流域。不同的地域形成了不同的中华鳖地理群体，习惯上根据其分布的地理位置分别称为太湖鳖、江西鳖、湖南鳖、黄河鳖和台湾鳖等；另外，还有中华鳖日本品系等，这些地理群体一般适应当地的养殖。

稻田环境与传统的专用养殖水体环境不同，稻田养殖水体较浅，水体的环境如酸碱度、溶解氧、水温等容易随外界条件的变化而变化。中华鳖对环境变化适应性较强，一般均能适应稻田的养殖环境。

2. 养殖品种的养殖性能和经济价值

中华鳖不同的养殖品种或群体表现出不同的养殖性能。尽管各地理群体在不同的养殖区域或养殖模式上有所差异，但均适应在稻田养殖，经选育的新品种表现出的性状要优于未经选育的品种。

二、鳖的主要养殖品种

我国养殖的中华鳖品种不多，品种选择范围不大，目前主要养殖的鳖包括传统中华鳖地理群体和中华鳖日本品系、清溪乌鳖及浙新花鳖等。具体养殖品种要根据品种对环境的适应性、生长习性、抗病性能及市场销售情况等进行选择。

1. 中华鳖地理群体

因中华鳖分布广泛，在中国、日本、越南、韩国、俄罗斯都可见，加上中国幅员辽阔，受气候、土壤、温度等因素影响，中华鳖在各地形成了具有明显的形态特性和生态习性的地理群体。据初步调查分析，中华鳖在我国各地域形成的地理群体中，适合稻鳖综合种养的主要为鄱阳湖群体、太湖群体、洞庭湖群体、黄河群体和台湾群体等。

（1）鄱阳湖群体　当地俗称江西鳖，主要分布在湖北东部、江西和福建北部地区。其成体形态与太湖鳖相似，体扁平，呈椭圆形，背部橄榄绿色或暗绿色，分布有黑色斑点（图1-3）。与其他群体相比，其独特之处在于出壳稚鳖的腹部为橘红色，无花斑。目前，江西南丰建有省级中华鳖良种场，保存鄱阳湖中华鳖约5万只，年产稚鳖50万只以上。

图1-3　中华鳖鄱阳湖群体

（2）太湖群体　当地俗称太湖鳖、江南花鳖等，主要分布在太湖流域的浙江、江苏和上海一带。其背部体色油绿，有对称的黑色小圆花点，裙边宽厚；腹部有灰黑色的块状花斑（图1-4）。具有生长较快、色泽艳、肉质好、抗病力强等特点，深受消费者喜爱。

图1-4 中华鳖太湖群体

（3）洞庭湖群体 当地俗称湖南鳖，主要分布在湖南、湖北和四川部分地区。其外形特征为体薄宽大，裙边宽厚；背部后端边缘具有突起纵向纹和小疣突；稚鳖期腹部呈橘红色，成鳖期腹部白里透红，可见微细血管，无梅花斑、三角形斑及黑斑（图1-5）。

图1-5 中华鳖洞庭湖群体

（4）黄河群体 当地俗称黄河鳖，主要分布在黄河流域的甘肃、宁夏、河南和山东境内，其中以宁夏和山东黄河口的最纯。黄河群体有三个明显的特征：背甲黄绿色、腹甲淡黄色、鳖油黄色，即"三黄"（图1-6）。因其分布于黄河流域和我国北部地区及中部盐碱地带，故其环境适应能力强，在养殖生产中表现为抗逆性强，病害少。

图1-6 中华鳖黄河群体

（5）台湾群体 又称台湾鳖，主要分布在中国台湾南部和中部（图1-7）。其性成熟较其他群体早，加上中国台湾气候条件特别适合鳖卵孵化，孵化技术和成本均比中国大陆有优势，苗种孵化早于中国大陆地区，因此其养殖时间较其他品种长，比较适合温室养殖，可以当年养成商品鳖上市。中国台湾产的鳖蛋90%以上供应中国大陆养殖户。

图1-7 中华鳖台湾群体

2. 国家审定的中华鳖新品种

目前，经国家审定的中华鳖新品种（品系）有5个，即中华鳖日本品系（GS-01-003-2008）、清溪乌鳖（GS-01-003-2008）、浙新花鳖（GS-02-005-2015）、中华鳖永章黄金鳖（GS-01-011-2018）和中华鳖'珠水一号'（GS-01-011-2020）。

（1）中华鳖日本品系 中华鳖日本品系背部呈黄绿色或黄褐色，腹甲呈乳白色或浅黄色。外形扁平，呈椭圆形，雌体比雄体更近圆形，裙边宽厚。背甲表面光滑，无隆起，纵纹不明显，中间略有凹沟。腹甲中心有一块较大的三角形黑色花斑，四周有若干对称花斑，以幼体最为明显，随着生长，腹部黑色花斑逐渐变淡（图1-8）。

图1-8 中华鳖日本品系

生长快速是中华鳖日本品系最大的特点之一，也是品种的竞争优势所在。与普通中华鳖一样，中华鳖日本品系是水生变温动物，其生长、摄食、新陈代谢等活动受水温的影响很大。在适宜的温度范围内，生态条件良好时，随水温的升高，其代谢作用增强，消化速度加快，摄食量增加。水温20℃时开始摄食，30～32℃时摄食量最大。中华鳖日本品系的适宜生长温度为25～32℃。在适宜温度范围内，温度越高、持续时间越长，生长就越快。全程适温养殖中华鳖日本品系，从稚鳖到成鳖阶段培育期15个月，其体重平均可达750 g，生长速度比其他品种快25%以上。据研究表明，在相同饲养情况下，经9～10个月温室和4～5个月的室外养殖，中华鳖日本品系的平均规格可达800 g，生长速度比台湾鳖、泰国鳖和普通中华鳖分别快20%、18%和15%。

在稻鳖综合种养模式中，中华鳖日本品系的生长优势更为明显，5月放养规格350 g左右的鳖苗，到年底起捕时雄性商品鳖的平均体重可以增加一倍以上，大的个体可重达1 000 g以上。

与其他中华鳖相比，中华鳖日本品系生长快、抗病力强，养殖过程中很少发生病害，因此养殖成活率高、产量高。一般情况下，稚鳖、幼鳖温室培育的成活率可达85%以上，产量达8 kg/m²以上；稻鳖综合种养视放养密度和饲养管理等不同，平均单产可达1 500~3 750 kg/hm²。

（2）清溪乌鳖 清溪乌鳖背部与太湖鳖相似，有黑色斑纹。腹部呈灰黑色或乌黑色，为区别于其他鳖的最大特征。成鳖背甲呈卵圆形，幼鳖阶段近似圆形，稍拱起，覆以柔软革质皮肤，脊椎骨清晰可见，表面具有纵棱和小疣粒。腹部有点状黑斑，无斑块。随着生长，背部逐渐趋于扁平，腹部斑点逐渐变浅（图1-9）。

清溪乌鳖习性凶猛，好斗，温室养殖容易发病，次品率高，因此并不适宜室内高密度饲养成鳖。该品种比较适合的养殖方法为两段法养殖、稻鳖共作或外塘生态养殖。

一般情况下，每公顷稻田放养150 g左右的清溪乌鳖幼鳖7 500~9 000只，当年可长至350 g以上，平均产量可达2 250~3 000 kg/hm²。

图1-9 清溪乌鳖

（3）浙新花鳖 浙新花鳖背部呈灰黑色，有黑色斑点；腹甲呈灰白色，有大块黑色斑块，并散布有点状的黑色斑点。浙新花鳖外形与太湖鳖相似，只是腹部黑色斑点更为乌黑（图1-10）。与父母本相比，浙新花鳖在形态比例多个特征参数方面表现出介于两亲本之间的特点。

图1-10　浙新花鳖

浙新花鳖的生长速度快。研究表明，稻田放养规格为170～190 g的温棚1冬龄浙新花鳖幼鳖，平均日增重1.2 g以上，较中华鳖日本品系提高了14.9%。外塘放养平均规格422 g的浙新花鳖，当年规格可达到1 050 g，较中华鳖日本品系提高了21.7%。

与其他中华鳖相比，浙新花鳖生长快，抗病性较强。一般情况下，养殖成活率可达85%以上，稻鳖综合种养模式中养成的成活率更高，每公顷放养规格250 g以上浙新花鳖6 000～7 500只，平均产量可达1 500～2 250 kg/hm²。

（4）中华鳖永章黄金鳖　中华鳖永章黄金鳖具有体色金黄、生长速度快、市场价值高等优点，性状遗传稳定（图1-11）。经过连续四代有效选育，新品种所产子代中体色呈金黄色的比例为93.27%。在相同养殖条件下，与对照中华鳖相比，1龄鳖生长速度平均提高18.1%，2龄鳖生长速度平均提高23.3%。适宜在河北、山西和天津等北方人工可控的淡水水体中养殖。

（5）中华鳖'珠水1号'　中华鳖'珠水1号'由中国水产科学研究院珠江水产研究所和广东绿卡实业有限公司共同培育，以中

图 1-11 中华鳖永章黄金鳖

华鳖洞庭湖野生群体为基础群，以生长性状为选育指标，通过连续五代群体选育培育获得的中华鳖快速生长新品种。该鳖符合中华鳖的生物学遗传特征，具备较高的遗传多样性和较为稳定的遗传结构。比对照品种生长速度提高 11.1%～13.9%，体重平均变异系数下降 8.7%～22.6%。在背甲长度、背甲宽度和后侧裙边宽度三个体型生长指标均具备较为明显的生长优势（图 1-12）。

图 1-12 中华鳖'珠水 1 号'

三、鳖的放养

鳖的放养根据生产模式、养殖条件、技术水平等，进行合理的放养。4 月放养的中华鳖需要先暂养在鳖沟（坑）内，用围栏围住，待 5 月水稻栽种 20～30 d 后，再散放到大田，实现共作；6—8 月放养的中华鳖，则需要注意插秧与放养的时间节点，至少要在插秧

20 d 后进行放养，以免秧苗被中华鳖摄食掉。一般情况下，亲鳖的放养时间为 3—5 月，早于水稻插秧；幼鳖的放养时间为 5—6 月，在插秧后进行；稚鳖的放养时间为 7—8 月；若鳖种是温室加温培育的幼鳖，则在放养前 5~7 d，对加温温室采取逐步降温，以缩小室内外温差，当室内水温基本与外塘水温一致时，才能放养鳖种，放养前停食 1~2 d。放养的鳖种要求体质健壮、无病无伤、规格齐整、色泽光亮、行动活跃，放养前用高锰酸钾、氯化钠或聚维酮碘浸浴消毒。放养密度应根据稻田条件和采取的饲养管理措施灵活掌握（表 1-1），雌雄尽量分开放养。

表 1-1　稻鳖养殖模式鳖的放养密度

中华鳖规格	放养密度 /（只·hm^{-2}）
3 龄以上亲鳖	750 ~ 3 000
1 ~ 2 龄鳖种	3 000 ~ 7 500
30 g 以上稚幼鳖	13 500 ~ 18 000
4 g 以上稚幼鳖	67 500 ~ 75 000

第二章

稻鳖综合种养田间工程

第一节　稻　田　选　择

　　稻田养鳖可选择保水性能较好的地洼田地，不占用良田。要求水源充足，无污染，以中性或弱碱性的水质为佳，pH 在 7.0 ~ 8.5，溶解氧含量不低 4 mg/L，旱季不干涸、雨季不淹没、保水性能好的一季熟中稻田。中华鳖喜静怕惊、喜光怕风、喜洁怕脏，故要选择环境整洁、安静适宜、光照充足的稻田，以黏壤土为主，肥而不淤，坚而不漏，田块周边环境安静，进排水方便，交通便利，易于排灌看护（图 2-1）。稻田大小根据各地情况而定，面积 0.33 ~ 0.67 hm² 为宜，东西向的长方形较好。

图 2-1　稻鳖养殖模式鳖的暂养池

第二节　田　间　改　造

　　田间改造指的是对原有稻田按照稻鳖综合种养的要求，进行包括稻田田埂、沟坑建设、防逃设施、进排水设施等的田间工程建设与改造，使原有的稻田环境更适合于稻鳖综合种养的要求。

一、田间改造的必要性

对稻鳖综合种养稻田进行的田间改造，是将原来只适合于水稻种植的稻田改造成既可种稻、又能养殖的田块。稻田的基本功能是种植水稻。在单一的水稻种植田块，稻田的建设与改造主要考虑如何满足水稻的种植与生长。对于鳖与套养的品种来讲，其对栖息生长环境的要求与水稻不尽相同。在水稻田间管理期间，一些田间操作对养殖的鳖及套养品种十分不利，有的还会危及其生存，如搁田、灌浆、收割等。田间改造可以建造鳖与套养品种在搁田、收割等作业时的栖息场所，尽量满足稻与鳖对稻田环境与条件的不同需求，协调缓解在种养过程中因种、养作业产生的矛盾。因此，田间改造是稻鳖综合种养成败的基础性工作。

二、田间改造的主要工程

稻田田间改造的主要工程包括田埂、进排水设施、沟坑建设、防逃设施、防敌害设施、投喂台设置、稻田消毒与水草移栽等。

（一）田埂

田埂的主要功能是区隔稻田田块，对于这类功能田埂的建设要求相对低些，而有一些田埂同时作为机耕路或进出种植、养殖场所的主要道路，则建设要求要高一些。因此，由于田埂承担的功能不同，其建设的标准与要求也不一样。

田埂的改造一般与沟坑建设同时进行。利用挖沟坑的泥土加宽、加高、加固田埂，既解决了田埂改造泥土的来源，又解决了沟坑开挖后泥土的去处与田面的平整问题。

单一种稻的稻田对水位要求不高，田埂的建设比较简单，而对于稻鳖共作的稻田，鳖及套养的水产品对水位有一定的要求，主要田埂还要作为机耕路或进出道路使用，因此，对田埂的建设要求较高（图2-2）。

图2-2 稻鳖养殖模式田埂

1. 田埂高度

稻鳖综合种养田块的田埂一般要高出水稻田0.4~0.5 m，能保持稻田水位0.3~0.4 m；稻鳖精养田块要求田埂高在0.5~0.8 m。田埂较高，可以保持相对高的养殖水位，特别是当水稻收割后，可以蓄水养殖。

2. 田埂宽度

普通的田埂仅供田块之间的区隔和工作人员的行走。田埂面宽不必过宽，人畜行走方便就行。稻田田块面积大的可以宽一些。一般田埂面的宽度可在1.0~1.5 m。

作为机耕路或主要道路使用的田埂，要通农机车辆和运输车辆，部分还要绿化，在两边种一些花木，要求田埂面宽度为2.5~3.0 m，作为主要道路的田埂宽为3~4 m。

3. 田埂质量要求

田埂的土质要不渗水、不漏水，一般以黏土、壤土为好，泥土要打紧夯实，确保堤埂不裂、不垮、不漏水，以增强田埂的保水和防逃能力（图2-3）。池堤坡度比为1.0:（1.0~1.5）。田埂内侧宜用水泥板、砖混墙或塑料地膜等进行护坡，防止田埂因鳖的挖、掘、爬行等活动而受损、倒塌，并用沙石或水泥铺面。作为机耕路或主要道路的，则要求沙石垫铺，用水泥或沥青铺面。

图2-3   稻鳖养殖模式田埂质量

（二）进排水设施

稻田的水源供给与排涝条件一直以来是农田水利设施建设的重点，主要包括机埠、进排水系统等（图2-4）。

1. 机埠

机埠一般建在取水的水源地，水源地应是水源充足且水质符合国家渔业水质标准的江河、湖泊或与此相连的河道等，进水沟渠或管道将水引至稻田边，经进水口灌入稻田。稻田排水时通过排水口、排水沟渠或管道排水。进排水系统宜分开设置，但对于一般的稻鳖养殖田块也可以通用。

2. 进排水系统

进排水系统包括进排水沟渠、进排水管道和进排水口。进排水沟渠可以用"U"形水泥预制件、砖结构或PVC塑料管道建成。沟渠的宽度、深度根据养殖稻田的规模大小而定，一般深度为60～70 cm，宽度为50～60 cm。进排水管道常用的有水泥预制或塑料管道，直径大小一般为30～40 cm。进水口与排水口可用直径20～30 cm塑料管道铺设而成，成对角设置。进水口建在田堤上，排水口建在沟渠最低处，由PVC弯管控制水位，能排干所有水。

图2-4　稻鳖养殖模式进排水设施

（三）沟坑建设

1. 沟坑的作用

沟坑是稻鳖综合种养的主要田间设施建设内容之一，具有以下作用。

（1）为养殖的鳖及套养的品种提供良好的栖息场所　鳖及套养水产品栖息在水中，水体的大小和深浅与水温、溶解氧及氨氮含量等的变化有关，从而影响养殖水产品的生长发育。单一种植的稻田水浅、水体小，对于稻鳖种养并不十分合适。通过田间改造，建设合适的沟、坑，可以有效改善鳖与其他养殖动物的栖息环境。

（2）作为在水稻搁田、收割时鳖与其他养殖动物的临时栖息"避难所"　水稻在分蘖阶段需要搁田，控制无效分蘖、促进水稻根系发育；在水稻收割阶段需要放干田水，方便收割。水稻的这些田间操作影响鳖的活动，对套养的不能离水的水产品影响更大。沟坑的建设可以使稻田在搁田或收割、田面无水时仍能保持一定的水位，供养殖动物临时栖息"避难"。

（3）沟坑提供投喂饲料场所和消毒场所　在稻鳖综合种养过程

中，一般要投喂适量的饲料。稻田田面有水稻种植、水浅，不适合设置饲料投喂台。沟、坑水相对较深，利于鳖与其他套养的水产品集中摄食，因此可以作为设置饲料投喂台的场所。同时，也可作为在养殖过程中预防病害时使用漂白粉、生石灰等消毒剂的场所。

（4）作为鳖的冬眠与捕获场所　当水温下降到10℃以下时，鳖进入冬眠状态。鳖的冬眠要求环境水位较深，利于提高鳖特别是幼鳖的越冬成活率。同时稻田田面大，鳖的放养密度较低，捕捉较困难，利用在水稻收割时，随着田面的水位不断下降，鳖会向有水的沟坑集中这一特点，方便鳖的捕捉。

2. 沟坑的开挖

稻鳖综合种养的稻田需要开挖沟坑，沟坑的开挖一般利用冬闲季节进行，在春季水稻种植前完成。沟坑的开挖要注意以下两点。

（1）沟坑的面积占比　沟坑的面积占比是指沟坑开挖面积占稻田面积的百分比。沟坑的面积占比是处理稻鳖综合种养的关键性因素之一。沟坑的面积占比与养殖的水产品产量和水稻的产量密切相关，一般沟坑的面积占比与养殖的鳖及其他水产品产量成正比，与水稻的产量成反比。应以在不影响水稻产量的前提下发展稻鳖综合种养模式为原则，协调处理沟坑的面积占比。大量研究与实验表明，当沟坑的面积占比在10%左右时，由于水稻在沟坑两边适当密植，可充分利用水稻的边际效应以及稻鳖共作的互利作用，水稻产量不会受到影响。当沟坑的面积占比在10%~15%时，水稻产量下降2%~5%；当沟坑的面积占比在15%~25%时，水稻产量下降5%~15%。因此，在发展稻鳖综合种养模式时，必须将鳖坑的面积控制在10%以内，以保障水稻的生产。

（2）沟坑的布局　沟坑的布局根据稻田的田块大小、形状和养殖品种等具体情况而定。在稻鳖综合种养模式中主要有以下3种。

① 环沟或条沟　开挖环沟或条沟比较适合鳖与其他水产品的套养，特别是小龙虾可以利用环沟周边靠近田埂的土堆掘洞、穴居，安全越冬、繁育。环沟离田埂3~5 m，有利于田埂的稳定与水

稻的适当密植；环沟的宽度和长度受沟、坑的面积占比影响。一般宽度为3~5 m，长度要根据面积占比计算，面积占比不超过10%。环沟深0.8~1.0 m。为方便机械作业，如果环沟沿田埂四边开挖，需要留出3~5 m宽的农机通道1~2条。条沟可沿田埂边开挖，也可在稻田中开挖。在田边开挖方便泥土用于田埂的加高、加固，宽度可以比环沟的宽度大一些，在5~10 m，长度根据沟、坑的面积占比而定，深度可以在1.0~1.2 m。

② 鳖坑　在养鳖的稻田鳖坑较为常用（图2-5）。鳖坑一般为长方形，面积大小控制在沟、坑的面积占比10%以内。鳖坑的深度在1.0~1.2 m，个数在1~2个。田块面积在0.67 hm² 以下开挖1个，在稻田的中间或田埂边；稻田面积在0.67 hm² 以上的可在稻田的两端开挖2个。

图2-5　稻鳖养殖模式鳖坑

鳖坑的四周要设置密网或PVC塑料围栏，围栏要向坑内侧有一定的倾斜，倾斜度为10°~15°。一方面，作为水稻没有插秧或没有返青之前放养的场所；另一方面，当水稻收割放水干田时，鳖会向有水的地方慢慢集聚，当鳖进入鳖坑后由于10°~15°的内倾斜，不能重新进入稻田，解决了因稻田田面大，鳖的放养密度较低，捕捉较困难的问题。

③ 沟坑结合　鳖坑与鳖沟相连，适合于较大的田块，沟坑的

面积占比控制在 10% 以下，深度在 0.8 ~ 1.0 m（图 2-6）。

图 2-6　稻鳖养殖模式鳖坑与鳖沟相连

三、防逃设施

防逃是稻渔综合种养管理中重要的环节。与专养池塘相比，稻田田埂低、水浅，养殖的水产品容易逃逸。特别是中华鳖及套养的小龙虾、河蟹等有掘穴和攀登的特性，能离水逃逸，尤其是在雨天或闷热天。因此，防逃设施对于养殖鳖及小龙虾、河蟹等套养种类来讲显得尤为重要。

1. 防逃设施类型

目前在稻渔综合种养模式中应用的防逃设施有多种类型，按照建造方法和材料大致分为两类。

（1）固定的防逃设施　主要有水泥砖混墙和水泥板。这类设施建设成本高，但是坚固耐用，而且在冬闲季节可以蓄水养殖，适合于稻田租用期长、规模较大的种养殖区，特别是种养示范园区、农业企业、专业合作社及家庭农场等。

（2）简易的防逃设施　主要由彩钢板、密网、PVC 塑料板、塑料薄膜等材料围成。这类设施好处在于简单、实用、投资少，但不足之处是只能起防逃作用，不能蓄水，而且使用年份不长，需要经常维修与更换。这类防逃设施适用于一般的种植养殖户。

2. 设置要求

对于用水泥砖混墙和水泥板建成的防逃墙，墙高要求 60 ~ 70 cm，墙基深 15 ~ 20 cm，防逃墙的内侧水泥抹面、光滑，能蓄水，四角处围成弧形。顶部加 10 ~ 15 cm 的防逃反边。对于用 PVC 塑料板、彩钢板、密网等围成的简易防逃围栏，高度在 50 ~ 60 cm，底部埋入土 15 ~ 20 cm，围栏四周围成弧形，每隔一段距离设置一根小木桩或镀锌管，高度与围栏相同，起加固围栏作用。对于稻田进排水口的防逃设施，可以设置防逃网或金属网（图 2-7）。

图 2-7　稻鳖养殖模式防逃网

四、防敌害设施

传统的稻渔综合种养的主要敌害有鼠类、水蛇及鸟类等，但鸟类的危害并不十分突出。目前，由于对鸟类的保护及生态环境的好转，鸟类对稻渔综合种养的危害越来越大。

主要的危害鸟类为白鹭、灰鹭等，尤其以白鹭为主。白鹭主要捕食小规格的幼鳖和套养的小龙虾、河蟹及鱼等。目前白鹭群体数量大，喜欢集群性捕食，对养殖的水产品危害很大。稻田水浅，十分不利于养殖动物的逃避，特别是在稚鳖、幼鳖放养初期，虾、蟹、小龙虾蜕壳时，会被大量捕食，需要采取有效的措施加以防范。防鸟类的方法主要是设置防鸟网，防鸟网设置要求不伤害鸟类。

1. 防鸟网种类

（1）用大网目的渔网制成　在稻田上方每隔 8～10 m 立一根木（竹）桩或镀锌管，桩（管）高 1.5～2.0 m，打入泥中 10～15 cm。

（2）用直径 0.2 mm 细胶丝线制成　在两个桩上拴牢、绷直，形状就像在稻田上画一排排的平行线，平行线与平行线的间距 20～30 cm，高度略高于水稻植株。

2. 重点设置区域

稻田面积大，在田块上方全部覆盖防鸟网效果虽然好，但费用相对较大而且费工。简单实用的方法是在重点区域上方设置，进行重点防护。稻田在水稻返青时可以为养殖动物提供一定的防护，鳖沟、鳖坑及田埂四周往往是养殖动物集中栖息的场所，尤其是在放养初期，很容易被鸟类捕食。因此，可以重点在鳖沟、鳖坑的上方设置防鸟网。

五、食台设置

鳖稻综合种养稻田中的天然饵料不能完全满足鳖及套养水产品的需要，因此，要在养鳖的稻田中设置食台，用于合理投喂配合饲料。

鳖用配合饲料食台有用于投喂软颗粒饲料和投喂膨化颗粒饲料两种。用于投喂软颗粒饲料的食台一般可用水泥板、木板、彩钢板或石棉瓦等制成，设置在沟、坑的周边。食台设置成倾斜状，倾斜 15°～20°，约 1/3 倾斜淹没于水中，2/3 露出水面，将鳖饲料投喂在离水不远处。稻田中采用鳖与其他水产品套养的宜用这类食台，其他品种不会与鳖抢食。

用于投喂膨化颗粒饲料的食台比较简单，可用直径为 5～7 cm 的 PVC 管围成长方形或正方形，漂浮在沟、坑上。食台的长度与宽度与坑大小、食台个数有关。一般一个坑设置一个，长 3～5 m，宽 2～3 m，可以将膨化颗粒饲料直接投喂在食台内（图 2-8）。

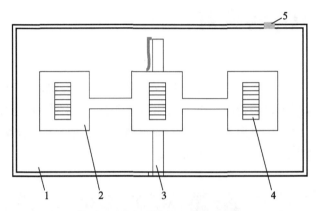

图 2-8 稻田中鳖坑与鳖沟结构图

1. 稻田；2 鳖坑；3 鳖沟与排水口；4 食台；5 进水口

六、稻田消毒与水草移栽

如果是旧鳖池修建成的新稻田或者使用了一年以上的稻田，都应对稻田进行及时消毒。在收稻与鳖捕捞完成后，对稻田进行全面的消毒处理，可以采取生石灰清除稻田中的细菌，每公顷稻田用 225～300 kg 生石灰或 75～150 kg 漂白粉，杀灭敌害生物，为鳖生长创造良好的生存环境。在田间增设杀虫灯或者害虫诱捕器，田边种植芝麻、向日葵、大豆等蜜源植物，改善天敌生存环境，防治虫害。鳖苗放养前 10～15 d，每公顷环沟再用 750～1 125 kg 生石灰兑水搅拌后均匀泼洒，清除种养田中的致病菌和敌害生物。7～10 d后，在环沟内移植适量的轮叶黑藻、伊乐藻等沉水植物，移植面积占环沟面积的 30%。在环沟四角的田埂坡上种植藤本植物，如丝瓜及佛手瓜等，用于遮阴，以避免阳光直射影响鳖的正常生长。

第三章

中华鳖苗种繁育

近年来，野生鳖数量日趋减少。受恶劣天气影响，及各种敌害的侵袭，野生鳖孵化率很低，野生稚鳖很少，远不能满足稻鳖生产的需要。因此，采用人工手段，加强亲鳖的培育、产卵及孵化，对发展稻鳖生产有着非常重要的意义。

第一节　人　工　繁　殖

一、鳖苗种场环境条件

1. 场地要求

场地的选择是根据鳖的生活习性、生产方式、生产规模来决定的。首先必须考虑把鳖场建在环境安静、阳光充足的地方，因为鳖喜欢生活在温暖而安静的环境。其次要考虑的重要条件是水源，选用江、河、池塘等地表水时都要选择没有污染的水源。第三需要考虑的是土质条件，鳖池池底不能渗水，还要适合于鳖的活动和冬眠，因此，土质以保水性能良好的黏土或壤土为宜；砂土保水性能较差，一般不宜建造鳖场。如当地均是砂土，可从外地运些黏土来，在池底覆盖层黏土，以不致使池底渗水太重。如底土为黏土，则需要在底土上覆盖一层壤土和细沙的混合土层，以利于鳖的栖息和冬眠（图3-1）。

完整的养殖场必须考虑亲鳖池、稚鳖池、幼鳖池等几种主要养殖水域，另外还需考虑孵化房、养殖管理人员的生活用房、饲料加工用房、病鳖隔离池、进排水系统等配套设施。就国内实际条件、技术水平和比较效益而言，稚鳖、幼鳖阶段加温养殖有广阔的前景，因此锅炉以及控温系统也是不可缺少的。

图 3-1 鳖苗种繁育场地选择

2. 亲鳖池

亲鳖池的设计应与鳖的生活习性和生长、发育的生态系统相适应。鳖是水陆爬行动物，喜静怕扰，稍有惊动即潜入水底，善于爬行，在普通养鱼池养殖易逃跑；在风和日暖的天气常爬出水面到岸上晒背，水温下降到10℃以下便潜入水底泥沙中冬眠，待翌年春季水温上升到15℃以上，才从冬眠中苏醒出来活动，水温上升到20℃以上就开始摄食，在产卵季节则爬到岸上沙滩处扒窝产卵。根据鳖的生活习性，在设计亲鳖池时应达到以下要求。亲鳖池面积可按生产规模考虑，以 0.067 ~ 0.267 hm^2 为宜，倘若太小，亲鳖活动范围狭窄，水质、水温容易剧变；太大则饲养管理不方便。亲鳖池池底以自然土层为主，铺有 25 ~ 30 cm 厚的砂性软泥层，供亲鳖栖息及越冬。亲鳖池的保水深度 1.2 ~ 1.5 m，池坡与水面约成 30°，以利亲鳖上坡活动。亲鳖池是供鳖摄食、活动、栖息、交配及产卵场所，所以除水域范围，还应有相应的产卵场。产卵场占地面积以每公顷亲鳖池水面建造 750 m^2 左右，产卵场要有遮阳、避雨的棚设施，亲鳖池内食台要分散，设置合理，"晒背台"可筑"斜坡"或用竹（木）板置于水面。亲鳖池及其产卵场的周围要围墙，防止人偷及亲鳖逃逸（图 3-2）。

图 3-2　亲鳖池

3. 稚鳖池

稚鳖是人工养殖的起始阶段，养殖对象小而娇嫩，抵抗力较差，所以稚鳖池的建造要求较高。有条件的生产单位可把稚鳖池建在室内，既便于管理，又有利于加温延长生长期，便于安全越冬。值得注意的是，在稚鳖阶段，过大的温度变化会造成稚鳖的大量死亡，因此为提高稚鳖的成活率，在室内建池是很有意义的。如果要把稚鳖池建在室外，则要选择向阳背风比较温暖的地方，以防严冬水温过低造成死亡。室内稚鳖池的面积通常为 5~20 m²，形状以长方形为宜，池深 0.8~1.0 m，蓄水 0.2~0.5 m，池壁由砖砌、水泥抹缝，池底铺混凝土。池的两端设进排水口，进水口设在水位最高时的接口处，排水口设在进水口对面池壁的底部，进排水口应加铁丝网防逃。食台有两种，一种可用水泥板做成固定的设施，其高度在水面下 10~20 cm。另一种则选用活动食台，可用竹（木）板搭制。池壁顶端建有防逃设施，向池内延伸 5~10 cm，以防稚鳖逃逸，池底铺沙约 5 cm，在靠排水口 1/3 处可建一拦沙墙，其高度为 5 cm。多个稚鳖池应排列在一起，以便于管理。在室外的稚鳖池可以用水泥、砖砌，通常为 50~100 m²；也可用土池，面积可大一些。土池除了池壁不用砖砌，池底不铺混凝土外，其他设施应和室内稚鳖池相同，外面必须加围栏设施（图 3-3）。

图 3-3 稚鳖池

4. 幼鳖池

幼鳖对环境的适应能力已逐步增强，因此在幼鳖池的建造和使用上都有较大的灵活性。在集约化控温养殖的条件下，稚鳖池、幼鳖池可按同一种方式建造。饲养稚鳖时可降低蓄水水位和食台高度，饲养幼鳖时则提高水位。主要的差别是放养密度有较大的变化。室内幼鳖池面积一般为 20~50 m²，池深 0.8~1.0 m，蓄水深度为 0.6 m 左右。池壁用砖砌，水泥抹缝，四周顶部有"T"形出檐，宽 10 cm 左右。池底铺沙 5~8 cm，两边设有进排水口。进水口设在蓄水界线以上，排水口设在池的底部，进排水口用钢丝网拦住。池底由进水口向排水口方向降坡，以利排除污物。池底的拦沙墙、食台可按稚鳖池相同原理建造。室外幼鳖池一般可用小型土池，面积 600~1 000 m²，池深 0.8~1.2 m，四周有防逃设施及进排水系统（图 3-4）。

图 3-4 幼鳖池

二、亲鳖的选择与培育

1. 亲鳖选择

凡是达到性成熟，并用作繁殖后代的鳖称为亲鳖。亲鳖的好坏直接影响到鳖卵的质量、数量、孵化率及子代鳖的生长速度、抗病能力、群体产量和经济效益。选择亲鳖，首先应符合健康鳖的标准，如体形正常、体格健壮、裙边宽厚、行动敏捷、皮肤光亮、眼睛有神等；其次还应注意鳖的年龄和体重。对于亲鳖的年龄以多大为合适，目前生产上的看法并不完全一致。但在一定范围内，亲鳖体重较大的不仅产卵量多，且鳖卵规格大，受精率和孵化率高，孵出的稚鳖体质好，生长快，容易安全越冬。因此，亲鳖的体重应大于 2 kg，以 8 龄左右较为理想，这样的鳖正处于生殖旺盛期。但亲鳖的选择不能脱离当地鳖的资源状况，既不能强求，也不能过于降低选择标准。亲鳖最小繁殖年龄起码要求达到性成熟年龄后再饲养1 年，体重至少在 1 kg 以上。

此外，亲鳖选留比例以雌雄比（4～5）：1 为宜。雄鳖太多，不仅占用水面和消耗饵料，而且生殖季节还会因争夺配偶而相互争斗、撕咬，干扰雌鳖的正常发情产卵。选择亲鳖时，还应注意避免近亲繁殖，以免带来不良的遗传效果。雌雄鳖应尽量选自不同地区的养鳖场，在血缘关系上越远越好。当然，也可选择一些好的野生鳖作为亲鳖，并在繁殖季节进行编号配对，以便形成一定的杂交优势，产生品系优良的后代。

（1）亲鳖性别鉴定　一看全身：即从鳖整体上看，雌鳖较厚，雄鳖稍薄些；二看背甲：雄鳖的背甲呈稍长的椭圆形，中部脊椎稍向外凸起；雌鳖背甲呈较圆的椭圆形，中部脊椎处比较平凹；三看腹甲：雄鳖腹甲后端凹处较深，雌鳖则较浅；四看裙边：雌鳖的体后部裙边较宽，雄鳖后部的裙边则窄一些；五看尾：雌鳖的尾粗短、不露出裙边，尖端较软，而雄鳖的尾则较细长，能自然伸出裙边外，尖端较硬（图 3-5）。

图 3-5 雄鳖（左）和雌鳖（右）对比图

（2）亲鳖质量鉴定 引进或选留亲鳖时，首先要选择自然环境下长成的鳖，其次选择池塘粗放养殖育成的鳖，最后才选工厂化养殖育成的鳖。因为中华鳖只有经过冬眠，其产卵质量和产卵率才有保证，而且性成熟年龄越长，其产卵效果越好。而工厂化养殖育成的鳖不但产卵质量差，而且退化较早。另外，要注意不要长期使用同一养殖场育成的雌雄亲鳖，不让同一亲鳖生产的后代相互交配，要重视远距离选种、配种和保存优良品系，避免近亲繁殖，在一个地域育成的鳖中选留雄鳖，在另一地域育成的鳖中选留雌鳖，亲鳖每 3～5 年淘汰更新 1 次。作为引进亲鳖还应进行检疫，防止携带细菌、病毒或寄生虫等病原的亲鳖进入养殖场。

除此以外，亲鳖的质量鉴定还要从年龄、体型、体重与活动能力等方面考虑。通常较好的亲鳖，要求年龄在 8～10 龄（自然环境下长成），体重 1.2 kg 以上；在体型上，雌的呈圆形，雄的呈椭圆形，其背甲平坦，背肋明显，背腹身体较厚，裙边宽厚；体色为青绿色，皮肤较厚而且光亮，爬行迅猛，反应灵活。

（3）亲鳖的雌雄比例及放养密度 选择 1.5 kg 左右的中华鳖，按雌雄比为（4～5）∶1，每公顷控制亲鳖数量在 6 000～7 500 只，总体重为 7 500～9 000 kg，同时可适当套养一些鲢、鳙等鱼类。

2. 亲鳖培育

（1）亲鳖池的清整   清整亲鳖池主要包括改良底泥、鳖池消毒和整修鳖池等 3 项内容。池塘底泥是鳖的生活环境之一，底泥的净化对亲鳖的生长发育十分重要。鳖的粪便、残饵及其他水生动植物残骸长期残存于池底，如不加清理，就会腐败分解，使池底底质酸性化，并产生大量的有毒气体，如氨、甲烷、硫化氢等，对亲鳖的生长发育十分不利。所以，定期进行清塘改良是十分必要的。

亲鳖池的清塘可每 3 年 1 次。清塘时间宜在秋后进行。先将池水排干，捕出池内亲鳖，放入暂养池。然后将部分底泥和脏物挖出，池底晾晒数日。有条件的地方，可用泥浆泵挖底泥，不仅可以减轻劳动强度，而且能大大提高工作效率。亲鳖放养前还应该对亲鳖池进行消毒，以杀灭池水和底泥中的敌害生物、野杂鱼和各种病原。常用的清塘药物和清塘方法如下。

① 生石灰清塘   生石灰遇水后发生化学反应，放出大量的热能，产生氢氧化钙（碱性），在短时间内使池水的 pH 迅速提高至 11 以上，从而杀死野杂鱼和其他敌害生物。生石灰清塘能迅速而有效地杀灭所有的敌害生物、野杂鱼和各种病原，对鳖病有良好的防治作用。能改变和中和淤泥中的酸性物质，使池水呈微碱性，提高水的缓冲能力，为各种饵料生物的生长提供良好水质环境。能增加钙离子，可加快淤泥中营养元素的释放，尤其是磷的释放，同时钙本身又是鳖生殖期间不可缺少的营养元素。因此，生石灰清塘是所有清塘药物中效果最好的一种。生石灰的使用有两种方法，一般采用干池清塘法。清塘前将池水排至 5~10 cm 深，然后在池四周挖数个小坑，将生石灰倒入坑内，加水溶解，趁热将生石灰浆均匀地泼洒到池塘中，最好第二天再用耙齿将底泥耙一遍，使石灰浆与底泥充分混合，以提高清塘效果和疏松底泥。一般每公顷用量为 1 200~1 800 kg。另一种清塘方法是带水清塘法，通常在排水有困难的池塘中使用。池水深 1 m，每公顷池塘施用生石灰 2 250~3 750 kg。在岸边或船上将生石灰溶解，趁热向全池水面均

匀泼洒。清塘用的生石灰必须是没有吸水潮解的，呈块状，否则生石灰会因吸水和二氧化碳逐渐变成碳酸钙而失效。生石灰清塘药性消失时间一般为 7 d 左右，晴天消失快，阴天消失慢；干池消失快，带水消失慢。

② 漂白粉清塘　漂白粉一般含有效氯 30% 左右，经水解后产生次氯酸和碱性氯化钙，次氯酸立刻释放出新生态氧，有强烈杀菌和杀灭敌害生物的作用，其效果和生石灰无异，但没有生石灰改良水质和底质的作用。漂白粉的使用方法也可以分为干池清塘和带水清塘两种。如水深 5 ~ 10 cm，每公顷用量为 75 ~ 150 kg；带水时水深 1 m，每公顷用量 225 kg。使用时将漂白粉用水溶解后，立即全池遍洒。漂白粉清塘药性消失快，一般 3 ~ 5 d 后即可放鳖。秋后清塘，鳖的活动力差，操作过程损伤少，即使稍受创伤，经过冬季休眠养息，也可逐渐恢复。清塘后需要施入一定量的有机肥料，以利鳖的生长和冬眠。

（2）投饵　对亲鳖强化培育的好坏，影响到全年及以后生产，因此在整个生长季节都应认真对待。产卵前亲鳖的培育关系到亲鳖产卵数量、质量以及孵出稚鳖体质的强弱。加强产卵后亲鳖的培育，能促使亲鳖及时补充交配产卵期间的体质消耗，及早转入下一个性腺发育周期，同时多积累脂肪，以抵御越冬期间的能量消耗，利于翌年亲鳖提前交配产卵。8 月亲鳖产卵结束后，很快转入下一个性腺发育周期，因此，对产后至冬眠的亲鳖培育切不可掉以轻心。

亲鳖培育应以新鲜的动物性饵料为主。亲鳖产卵前及产卵期间最好多投喂含蛋白质、脂肪多的食物。一般多用动物性饵料饲养的亲鳖，产卵开始时间早，产卵期长，批数多，产卵总量多；而多用植物性饵料饲养的亲鳖产卵情况则相反。

要使鳖吃饱吃好，生长迅速，发育正常，获得高产量、高效益，必须实施科学投饵的"四定"原则，即定时、定量、定位、定质。一是定时。当水温达 15 ~ 16 ℃时亲鳖即开始摄食，但数量较少，可每隔 3 d 左右用新鲜的优质饵料诱食 1 次，以促使早开食。当水温达18℃时开始正式投饵，每日投饵1次，一般在上午10时左右。6—9月水温达20℃以上时，每日投饵2次，即9时和15时各1次。水温达30℃以上高温季节，可将投饵时间改为7—8时和16—17时各1次，并根据天气情况灵活掌握。二是定量。每日投饵量应根据饵料质量、水质水温变化等情况，掌握饵料占总体重的2.5%～10.0%，或以饵料在2～4 h吃完为度。恶劣天气，如下雨、闷热或气温过高、过低时，可以不喂或减量。三是定位。鳖一般叼着饵料潜入水中吞咽。饵料应投放在一个固定的位置，如离池埂不远的水面浮板上或食台上，给鳖造成一定条件反射，使其定时、定点来食台吃食，以便较准确地掌握其摄食情况。四是定质。投喂的饵料要新鲜、不腐败、营养丰富和多样化。较大饵料如内脏或菜叶等，要绞碎或剁碎以达适口。投喂麸皮及各种谷类可以泡软调成稠粥状或做成干粮蒸熟，然后加入占饵料总量5%的骨粉、1.5%～2%的渔用生长素、2%的酵母及5 g/L NaCl，最后将饵料均匀投在食台即可。为了防止饵料中脂肪、蛋白质被氧化和维持鳖正常新陈代谢，促进生殖器官发育，最好在饵料中加入一定数量的抗氧化剂——维生素E。维生素E用量为每50 kg体重日用量为1.5～4.5 kg，其中稚幼鳖为1.5～2.5 kg，亲鳖为3.0～4.5 kg。

三、鳖的交配、产卵与孵化

1. 交配

开春后亲鳖经一个多月的饲养培育，水温上升到20℃以上时，雌雄亲鳖即开始发情交配。亲鳖的发情交配行为一般不易发现，因大都为晚上在水中进行。交配前雌雄亲鳖在水中潜游、戏水，然后在池边浅水区雄鳖追逐雌鳖，进而慢爬相互咬裙边，最后雄鳖趴伏在雌鳖背上交配，雄鳖后裙边稍做上下震动，通过交接器将精液输入雌鳖泄殖腔内，3～5 min结束，然后潜入水中。雌雄亲鳖交配后，体内受精。

2. 产卵

亲鳖交配后经 20 d 左右，雌鳖开始产卵。其产卵盛期一般在6—7月，即芒种至大暑期间，立秋前后产卵结束。雌鳖产卵多在22 时至凌晨 4 时这段最为安静的时候进行。产卵前可以看见雌鳖单独缓缓向岸上爬行，当找到地势较高无积水，而又有松软湿润泥沙的树荫和草丛地时，开始挖洞作穴。挖洞时，雌亲鳖用前趾将身体固定，后爪交替用力蹬刨，经 20 min 左右时间，即可刨成一个深10～20 cm、洞口直径 5～10 cm、与地面约成 60° 的洞。此产卵洞洞穴呈长卵形，出口处略小，中间和底部略大。

产卵洞的大小与亲鳖的大小和产卵多少有关。挖好洞穴后，鳖尾伸入穴中，身躯即开始有节奏而又紧张地伸缩，紧缩一次产卵一粒。卵粒出泄殖孔后先融入内弯的尾柄上，然后尾柄徐徐下垂，将卵粒落入穴底，这样可避免卵壳摔破。卵在穴中的排列呈有层次的宝塔状。产卵后亲鳖用前肢着地，后肢将掏出的泥沙把卵穴覆盖埋严，最后用腹甲压平而后离去。这样可以防止鳖卵内水分散发、受阳光直射和敌害的破坏。一般雌亲鳖每次产卵时间 10 min 左右，每年产卵 3～4 次，每次产卵 10 粒左右（图 3-6）。

图 3-6　刚产下的鳖卵

3. 产卵场及管理

亲鳖池中的产卵场是亲鳖产卵的场所，要建在安静的地方，否则会影响亲鳖产卵，也会影响亲鳖的健康。人工设置的产卵场一般建成房式，坐北朝南，里面铺一层 20 cm 厚的细沙（图 3-7），亲鳖一般喜欢在产卵床的沙子中东西向爬行，寻找合适的产卵位置。这种构造的产卵场能起到挡风遮雨和抵御敌害的作用，同时提高产卵床中沙子的温度，有利于第二天早晨亲鳖产卵。在亲鳖产卵前要将产卵坑的沙翻松，清除杂草，使沙土保持湿润，若已干燥，应喷水，使沙土保持湿润而不积水，以手握成团、手松沙散为宜。

图 3-7   鳖产卵场

4. 鳖卵的收集

从 6 月下旬至 8 月中旬是亲鳖产卵的盛期，应注意适时收取。

（1）寻卵穴插标记   在亲鳖产卵季节，应由专人负责寻找卵穴。根据鳖的产卵习性，在黎明前后大都已产完卵离岸回到水中。所以，在日出前到产卵场和产卵沙盘及其周围寻找卵穴。亲鳖刚产卵埋过的卵穴，周围有新鲜沙土及放射状的爪印，卵穴上方经腹甲压实较平整，同时雌鳖自池中爬上爬下留下水湿的痕迹，由此即可确定卵穴的位置。上午 8—9 时经太阳照射后水湿痕迹就会消失，或者由于刮风下雨将雌鳖产卵的痕迹除掉，所以，一定要把握住寻找卵穴的时机。卵穴确定后要做好标记，以便集中采卵。

卵穴位置确定后不要急于挖卵，因刚产出的鳖卵，卵胚尚未固定，卵的动物极与植物极不易分清，过早的采卵震动影响胚胎发育。鳖卵产出后，应待 8～30 h（视气温高低而定），鳖卵两极能够明显地辨别时再行移动。

（2）采卵 采卵一般在当天 17 时以后开始。首先按标记将卵穴上层盖土扒去，将卵轻轻取出，再按动物极（卵顶有白点的一端）向上，植物极向下放入采卵箱，采卵箱（或盆）底铺 2～5 cm 厚的细沙或稻壳，用以固定鳖卵，在箱中排列整齐，注意动物极与植物极不要倒置，鳖卵之间要留空隙，不可堆叠，以免使卵受压，影响胚胎形成。当天的鳖卵采集完毕后。应随即将卵穴填平压实，清理平整后，再适量洒水，保持泥沙湿润。采卵时注意不要把卵壳碰坏，如有卵壳碰坏的应立即拣出。

（3）受精卵的鉴别 卵绝大多数呈球形；极少数呈椭圆形。刚产出的卵洁白，表面平滑，具有光泽。受精卵产出数小时后，卵壳顶上出现一圆形的白色亮斑，并不断扩大成白色的亮区，即是动物极。其胚胎正在发育，卵壳下部呈杏黄色。未受精的卵不出现亮斑，或仅出现亮斑但不再扩大，48 h 后整个卵壳失去光泽，显得较粗糙，逐渐变成杏黄色。由于鳖卵是体内受精，只要卵成熟较好，一般受精率达 90%～100%。由于亲鳖个体大小不同，性成熟的年龄和体质强弱不同，以及环境条件、饲养条件的不同影响，即使同一母体产出的一窝卵，受精率也有差别。所以，一定要注意反复观察每一个卵是否受精（图 3-8），未受精或受精发育不良的卵，应予拣出。否则未受精卵在孵

图 3-8 受精后的鳖卵

化过程中会发生腐败，而影响受精卵的孵化。另外，应及时标记采卵时间，以便按时间分批孵化。

5. 人工孵化

卵在自然条件下，一般需要经过 50~70 d 的发育，即其孵化积温达到 36 000℃左右时，稚鳖才能破壳而出。在自然环境条件下孵化，因野外孵化条件变化激烈，如烈日曝晒烧坏卵胚，久旱无雨泥土干燥卵胚发育得不到应有的湿度，暴雨或久雨使产卵洞渍水卵胚在洞内闭死，另外野外的蛇、鼠、蚁经常危害吞食，因此其孵化率很低。用人工孵化的方法，可提高受精卵的孵化率，缩短孵化期，增加当年稚鳖的养殖时期，其技术要点如下。

（1）孵化室的选择和孵化箱的制作　孵化室根据孵化数量以 5~20 m² 房屋为宜，要求既可保温又通风方便，加温采用人工温控系统控制电炉加温。为使室内温度均匀，可在电炉边放置两个转页电扇，利用旋转风调节室温均匀度，并用农用喷雾器喷水调节室内湿度。孵化箱以厚 1.5 cm 杉木做成，其长 × 宽 × 高为 70 cm×45 cm×20 cm，箱顶有 5 cm 宽的木片倒沿以防出壳鳖苗爬出箱外，在箱体的宽边处中央上方锯一 3 cm×5 cm 出口以便出壳鳖苗爬出进入接苗盆（图 3-9）。

（2）鳖卵的排列　在孵化箱底铺上 3 cm 的细沙、含水量为 7% 左右，即手握成团、手松沙散为适度。将选好的鳖卵排入箱中，动物极向上，植物极向下。根据野生鳖产卵孵化的自然习性，以排列为宝塔形（金字塔形），孵化率高（可达 97% 以

图 3-9　鳖卵人工孵化室

上），即每堆底层为 16 粒，次层卵架于底层卵之间可排列 9 粒，第 3 层为 4 粒，顶层为 1 粒，每堆为 30 粒；这样的排列可使鳖卵之间空隙增大，以利于卵充分吸收水分和氧，提高孵化率。每箱可排 24～28 堆、720～840 粒，排完后铺满细沙，沙面距箱顶约 3 cm，即可移入孵化室孵化。

（3）鳖苗孵化期的管理　孵化的关键是控制温度和湿度。室内温度控制在 32～33℃，此时孵化箱内沙温为 30～31℃，室内相对湿度为 80%～85%。孵化过程中应适时往孵化箱中喷水，孵化前期 10～18 d 每 36 h 喷 1 次，每次每箱均匀喷约 300 mL，若箱内沙干燥过快，可追喷一些，18 d 后可相应减少喷水量。孵化过程可翻开沙观察到卵壳底植物极上均匀吸附小水珠，动物极逐渐向植物极扩散，10～13 d 植物极呈粉红色，20～25 d 后植物极呈红黑色，并可看见血丝，25 d 后整个卵体呈灰白色，即卵的整个胚胎发育正常，38～42 d（积温 36 000℃左右时）就能孵出鳖苗。应该注意的是，孵化约 35 d 后应在孵化箱出苗口下方放置好接苗盆，盆中装 10 cm 左右深清水和 5～6 朵水浮莲根用于接落从孵化箱孵出的鳖苗。为避免盆中鳖苗密度过高，挤压伤亡，盆中孵出的鳖苗应及时移至室外育苗池培育。

除此之外，还要注意以下三点：① 孵化用水应新鲜、无毒、无害、无污染。洒水的温度与沙床温度应相等或相近，切勿使用过冷或高于 36℃的热水。② 鳖孵化过程中，要防止敌害生物如蚂蚁、鼠等侵袭，伤害受精卵或稚鳖。③ 鳖繁殖过程中，稚鳖出壳后应让其在沙盘中自由活动 2 h 左右，摆掉身上胚胎期的浆膜、脐带后，再淋水、消毒放入培育池。

第二节　苗　种　培　育

一、稚鳖处理与暂养

稚鳖阶段是人工饲养中最关键的阶段。刚出壳的稚鳖，身体各部功能尚不健全，如表皮细嫩，互相争斗易咬伤，这个时期适应能力相对较差，对疾病的抵抗能力弱，所以必须精心护理，加强饲喂，促进其生长，以便减少疾病的发生，降低死亡率，安全越冬。稚鳖孵出之前，利用其趋水性，可在孵化沙床较低处加放浅水盘，或在沙床一边设置一块淋得较湿的沙床，当稚鳖孵出后便向浅水盘或较湿的沙床集中，这样便于收集。

1. 稚鳖处理

刚出壳的稚鳖不应立即投入水中，容易发生疾病。可让其自然地在沙床中休息，本能地寻找浅水盘、湿沙床，自然地摆脱并脱落其胚胎时期的胚外组织，如浆膜、脐带等。稚鳖暂养之前，各种用具和暂养池都应进行消毒。消毒药物一般为生石灰、漂白粉等。稚鳖用药物浸洗后再放入暂养池。

浸洗鳖体较好的药物为维生素 B_{12} 或庆大霉素，二者均浸洗半小时。前者用药量为 10 kg 水加入 2～3 支；后者用药量为 50 kg 水加入 50 万 IU 的庆大霉素。浸洗鳖体的药物一般不提倡使用高锰酸钾，因为刚出壳的稚鳖皮肤娇嫩，高锰酸钾为强氧化剂，容易烧伤皮肤。

2. 稚鳖暂养

暂养池可用各种水盆，或者用可以任意调节水深的小型水泥池或水槽，池底应稍倾斜。水深应控制在浅端 2～5 cm，深端 10 cm 左右。水面放一些木板做食台，兼供稚鳖休息之用。另外，应放入一些水生植物（如水浮莲、浮萍等），既净化水质，又可供稚鳖隐蔽。暂养密度每平方米水面放入 100 只左右。

刚出壳的稚鳖体内尚有未吸收的卵黄，1～2 d 不必喂食，而后应及时投喂。稚鳖开口饵料应精、细、软、嫩、鲜，营养全面而又易消化，鲜活饵料以水蚤最好。将专池培育或从池塘中捞取的水蚤直接撒布到暂养池中，饲养几天后可将水蚤滤去水分，成团块状放到暂养池水面的木板上；或者投喂摇蚊幼虫、水蚯蚓等。鲜活饵料营养全面，利用率高，使水质易控制，鳖生长快。也有人用煮得很透的动物血、蛋黄等搅成浆作为鳖的开口饲料，一两天后再掺入少量小鱼、虾、贝类肉、蚯蚓、动物内脏经捣碎而成的肉糜。以人工配合饲料作为稚鳖的开口饲料，营养全面，使用方便。

投喂量根据饲料种类而定，一般日投配合饲料量占鳖体重4%~6%，鲜活饵料占鳖体重的10%~20%，同时要根据稚鳖吃食情况而增减，一般每天投喂2~3次。稚鳖暂养期间，保持水温恒定，水质清新，并有一定量的浮游植物。经过1周左右的精心暂养，稚鳖完全进入正常摄食状态，便可放养到池中进行稚鳖阶段的养殖（图3-10）。

图3-10 稚鳖暂养池

二、培育要点

稚幼鳖培育是指把当年孵化出壳体重仅3~5 g的鳖苗经过一段时间的精心饲养，达到50~250 g的鳖种阶段，由于稚鳖体质嫩弱，活动能力差，易受疾病和敌害的侵害，如果管理不当，死亡率很高，因此稚幼鳖的养殖过程是中华鳖养殖的最关键时期。

1. 池塘的准备

（1）池塘建造 外塘养殖面积应控制在0.13 hm²之内，池深1.5 m，池埂1~2 m长，坡度为15°~30°。这样，在实际生产过程中池水面积小，稚幼鳖相对密度集中，培育成活率高，规格齐。另外，坡度可满足稚幼鳖对水位变化的适应。池塘最好设置进排水系统，便于调控水质。

（2）清塘水质培育　新挖的池塘投苗前 15 d 左右，放水 10 ~ 15 cm，带水清塘，每公顷用漂白粉 200 kg 或生石灰 3 000 kg，5 ~ 7 d 后加水至 30 ~ 40 cm。每公顷施发酵熟化有机肥 225 ~ 300 kg，培育天然饵料，为稚幼鳖提供优质开口饵料，另外可抑制真菌滋生，防止白斑病的发生。对于老池塘最好清除淤泥，加大清塘力度。

2. 苗种的投放

（1）苗种投放处理　刚出壳的稚鳖体质脆弱，体表保护膜易受损、感染发病，待稚鳖脐带脱落后，选择一些对稚鳖皮肤刺激较小的药物浸浴。如 NaCl-NaHCO$_3$ 合剂、土霉素等药浴 10 ~ 15 min 后，沿池塘边食台放苗。

（2）苗种密度的控制　针对不同底泥的池塘，根据自身养殖水平、管理能力、水源情况综合考虑，加以确定密度。新池可投放 2 500 ~ 3 000 只 / 池，老池可投放 2 000 ~ 2 500 只 / 池。低密度饲养是对自然资源的一种浪费，有条件的养殖者最好单独设立培育池强化管理，相对投饲利用率高，管理成本低。

3. 投饵管理

食台可选择石棉瓦或水泥瓦沿池塘四周分段连片设置，水下投饵的食台平放，水面上保持 2 ~ 3 cm，水上投饵食台斜度可保持 15° ~ 30°。

投饵方式可根据池塘条件选择，最好是选择水下投饵，实践证明，水下摄食更符合鳖的摄食习性。据观察，鳖即使在陆地上摄食，也多将食物拖到水边吞咽，这可能是鳖在早期进化过程中形成的对水生生活的适应。

4. 水质管理

（1）水位调整　一般来说稚鳖 50 g 之前水位以 30 cm 为佳，深的水位会使稚鳖摄食游动时增大能量消耗，另外对稚鳖内脏器官也会造成压迫。若选择深水位，可投放部分水草，或设置附着物，减少稚鳖对水环境的不适。随着鳖体的增大，可加深水位至

40～60 cm，保持稚幼鳖生长阶段环境的稳定，缓冲残饵、排泄物、底泥中残屑对鳖的影响。越冬时可加水深至 1 m 以上，确保安全越冬。

（2）水质调控　稚幼鳖水质调控以碘制剂、溴制剂为主，可间隔外施水质改良剂。定期施用生石灰。另外每公顷可放滤食性鱼类（如花鲢、白鲢）750～1 500 尾，调节水质。还可在近岸水体移种水花生、水葫芦等净化水质。

5. 疾病防治

（1）保持水体清爽，具有一定的肥度，一般透明度为 20 cm。可选择底质改良剂、水质调节剂，控制饲料残饵对水质的破坏。

（2）避开生物制剂使用期，施用生石灰或溴制剂、碘制剂，一个月使用一次。

（3）尽量少用或不用抗生素。

第三节　鳖 苗 放 养

鳖苗放养是养殖成败的第一步，这个时期鳖苗身体虚弱，放养时要特别注意。

一、放养健康鳖苗

挑选健康的鳖苗是提高养殖成活的基础。一些地方放养不分优劣的鳖苗，结果造成养殖成活率不高、生长不良、规格悬殊的后果。所以挑选鳖苗要把好以下几关。一是规格整齐，一般要求平均规格在 3.5 g 以上，规格大小相差不超过 0.5 g。孵出的时间前后不超过 3 d。二是要求鳖苗体形完整、无病无伤，活力强反应快。三是尽量不养未经海关检疫的境外鳖苗。鳖苗应就近采购，这样才容易适应当地养殖。

放养前鳖苗的体表消毒是预防疾病发生的重要措施。消毒的药物选择刺激性小、消毒效果好、作用时间快、价格便宜的药物，切不可用刺激性强的氧化剂和一些容易产生耐药的抗生素。现介绍用 NaCl 消毒的方法，这种药物既有保护皮肤的作用又能杀死鳖苗体表的真菌和细菌，而且价廉易购。

（1）用 25 g/L NaCl 溶液浸泡 8～15 min 可杀死体表寄生虫。

（2）用 10 g/L NaCl 溶液混合 10 g/L $NaHCO_3$ 溶液（1∶1）浸泡 20～30 min 可预防水霉病。

（3）用 15～20 μg/L 的红霉素浸泡 20～30 min 可预防细菌性疾病和减少鳖对环境的应激反应。

二、创造适宜环境

放养前应先将水色培育好，在养殖过程中定期换水排污，坚持水上投喂，防止残饵污染水体。在池塘中放养一定面积的水葫芦和一定数量的花鲢、白鲢，并定期泼洒光合菌制剂。池底应有适度的淤泥层，一般 10～20 cm 即可，新塘底层也应准备一层细泥。要确定合理的放养密度，高密度并不等于高产量。养殖密度高，其残饵和粪便排泄量越大，对环境的污染程度越高，水质很难控制。密度高，会使鳖与鳖之间抓伤、咬伤的概率增加，鳖更容易发病。室外大塘养殖，一般放养 2～3 只 $/m^2$ 即可。另外，要尽量将鳖养殖区与外界隔离开，防止无关人员及动物的干扰，以创造一个安静的环境。

三、提供优质饵料

鳖是以肉食性为主的杂食性动物。在人工精养情况下，要想使鳖的生长、成活率和商品质量达到最佳效果，必须选用优质配合饲料，长期添加一定比例的新鲜、无污染的鲜活饵料（如鱼、螺、动物肝、鸡蛋、蔬菜）匀浆与配合饲料混合投喂，以调节和改善鳖的内脏功能。有的养殖户为降低成本而使用低档配合饲料，这种做法是得不偿失的。一些地方鳖"白底板"病发生率较高与长期极少或不添加鲜料有一定的关系。当然这也与水质调控不好、预防措施不够有关。

四、实行科学管理

1. 食台的安放与清洗

鳖具有沿池边活动的习性，因此食台最好安放在养殖池四周的池边上，并与水面成 30°~45°，这有利于鳖找到食物和躲避干扰。每次投料前应用消毒过的刷子清洗食台。消毒用药物一般采用刺激性小、配制方便的药物，如氯化钠、高锰酸钾等。食台及其四周每 3 d 应用上述药物消毒一次。消毒药物应交替使用。

2. 饵料的制作与投放

鲜料的添加量一般为 10%~40%。使用鲜料时，必须经过消毒、清洗处理，并现配现用，以免腐败变质。投料时应采取水上投喂的形式，饵料离水面 2~3 cm 即可。鳖胆小，投料时应尽量减少对它的干扰。有些地方将食台建于池中，采取人工划船或人工下水方式投料是不可取的。投料量以 1.0~1.5 h 吃完为标准，剩余饵料应及时收捡，以做他用。高温季节的投饵时间应在日出前投完和日落时开始投喂为宜，这时干扰少，饵料又不易变质，使鳖摄食又快又好。

3. 水质调节

养殖水体应定期换水排污，每次换水量以不超过 1/3 为宜，如有条件采用微流水养殖效果会更好。在养殖过程中，定期使用二氧化氯制剂 0.5~1 μg/L，漂白粉 2~3 μg/L，强氯精 1~2 μg/L，生石灰 15~40 μg/L 全池泼洒消毒，施药 2~3 d 后全池泼洒 5 μg/L 左右的光合菌制剂，能起到调水作用，每月 1~2 次即可。同时放养花鲢或白鲢也能起到较好的调水作用（花鲢 900~1 500 尾 /hm²、白鲢 450~750 尾 /hm²）。

4. 水面种青，搭建晒背台

在池塘中离食台 1 m 左右处围一个 1.5 m 长宽的框，种植水葫芦，水葫芦根系发达，能吸收水中的有害物质而起到水质调节的作用，还有利于鳖隐藏、晒背、乘凉等。池塘边坡地较少的养殖池应在池中搭建晒背台。

第四章

稻鳖综合种养管理

第一节 种 植 管 理

一、水稻育秧及管理

1. 水稻育秧

水稻育秧包括晒种、选种、浸种、催芽、精做秧板及播种等环节。

（1）晒种 在播种前将种子摊薄抢晴天晒两天，提高种子发芽率。晒种可以促进种子后熟和提高酶活性；促进氧气进入种子内部，以提供种子发芽需要的游离氧气，促进种胚赤霉素的加快形成。淀粉酶可以催化淀粉降解为可溶性糖以供种胚发育之用。晒种可以降低抑制发芽的物质如谷壳内胺 A、谷壳内胺 B 等物质浓度，并可利用阳光紫外线杀菌等。

（2）选种 选种是在播种之前，挑选饱满种子的过程。可采用风选的方法去除杂质和秕谷，再用筛子筛选，去除稻种中携带的杂草种子以免造成移栽后大田草害影响。

（3）浸种 浸种的过程就是种子吸水的过程。种子吸水后，种子中的淀粉酶活性上升，在酶的作用下，胚乳淀粉溶解成糖，为胚根、胚芽和胚轴的发育提供所需的养分。浸种有利于稻种均匀地吸足水分，当稻种吸水量达到其质量的 30% ~ 40%，即达饱和吸水量，稻种上的腹白和胚已清晰可见，此时最利于萌发。稻种吸收水分的速度与温度有关，温度低吸水速度慢，温度高吸水速度快。一般晚粳稻浸种 2 ~ 3 d，外界温度高浸种时间相应短一些。根据实践，浙江稻区水稻品种浸种时间一般杂交稻品种可控制在 36～48 h，常规稻品种浸足 48 h。水稻浸种时，要进行种子药剂处理，以消灭种传病害。水稻药剂浸种处理是防治水稻恶苗病、干尖线虫病等主要种传病害的有效方法，并且对水稻苗期灰飞虱的防治有一定作用，能减轻水稻苗期条纹叶枯病的发生。药剂可用 25% 氰烯菌酯 3 mg 加 12% 咪鲜杀螟丹 15 g，兑水 4～5 kg，浸稻种 5 kg，浸种 48 h。如果在同一容器中浸种较多，可按上述比例配制。浸种后用清水洗干净后催芽，以免影响催芽整齐度。

（4）催芽　催芽是为种子发芽人为创造适宜的水、气、热等条件，使稻种集中整齐发芽的过程。催芽播种比不催芽播种出苗提早 3 d 以上而且出苗整齐，成苗提高 5%～10%。催芽要求是"快、齐、匀、壮"。快即催芽在 2 d 左右，其中高温（35～38℃）破胸，破胸 24 h 内；齐即出苗要齐，要求发芽率达到 85% 以上；匀是指芽长整齐一致，保持催芽温度 30℃长芽，根芽齐长；壮是指幼芽整齐粗壮，根芽长比适当，颜色鲜白，气味清香，无酒味。当前单季晚稻或工厂化育秧的稻种只要破胸露白就可以播种。催芽后用丁硫克百威或吡虫啉拌种，防治稻蓟马、灰飞虱等，丁硫克百威还有驱避麻雀、鼠的作用。方法是稻种浸种催芽（破胸露白）后每 5 kg 种子加 35% 丁硫克百威种子处理干粉剂 20～30 g，或加 25% 吡虫啉可湿粉 10 g 拌匀晾干，30 min 后播种。

（5）精做秧板　秧板是用于稻种催芽后育秧的田块。秧田与大田面积的比例要根据季节、品种和不同叶龄移栽而定。适龄移栽条件下，单季晚稻和杂交稻为 1∶10，机插秧 1∶80，秧田要选择土质松软肥沃、田平草少、避风向阳、排灌便利的田块。要耕翻晒垡，施足腐熟基肥，耙平耙细，秧板要平整水平，上虚下实，软硬适度。秧板宽 1.50～1.67 m，沟宽 20 cm，周围沟深 20 cm。

机插秧培育前期要配制营养土，用 40% 的腐熟有机肥与细泥土分别过筛后混合均匀，待用。

（6）播种　根据晚粳稻品种生育期特性、茬口、栽插期及移栽时间进行播种。生育期长的品种要早播，播种量少，秧龄长；生育期短些的品种，可适当迟播，播种量可适当增加，以秧苗基部光照充足，生长健壮为标准。一般手插秧单季晚稻秧田播种量为常规晚粳稻 450～600 kg/hm²，杂交晚粳稻 225～300 kg/hm²。播种时间一般在 5 月上中旬为宜。工厂化育秧、旱育秧、机械插秧用塑料硬盘育苗（58 cm×28 cm），一般常规晚粳稻每盘均匀播破胸露白种苗 120～150 g，杂交晚稻播 80～100 g。压籽覆土后，浇透水。

2. 育秧管理

育秧管理是水稻种植过程中的重要一环，包括科学管水、秧苗田间管理、防治病虫等方面。

（1）科学管水　水稻种子播种后，保持秧板湿润，土壤通气，以利于扎根立苗。一般掌握晴天满沟水，阴天半沟水，寒潮来临前夜间灌露心叶水，清晨立即排干水，二叶期后开始保持浅水层。对于旱育秧，播种后要保持秧盘内泥土的湿润，保持每天（白天）1～2 次喷水，促使秧苗健康生长。

（2）秧苗田间管理　追肥拔草，在二叶期每公顷施尿素 75 kg 做"断奶肥"，促进生长健壮；在四叶期每公顷施尿素 105～120 kg、钾肥 30～45 kg 促进分蘖；移栽前 3～4 d 每公顷施尿素 150～225 kg 做"送嫁肥"。

秧田播种前 15 d 每公顷用 41% 草甘膦 3 000 mL 兑水 600 kg 均匀喷雾，杀灭老草；播种后必须抓准时机杀草芽，尤其是稗草，一定要消灭在二叶一心期前，对以稗草为主的杂草群落，应该以封闭化除草为主，把杂草消灭在萌发期和幼苗期，这样才能以最少的投入获得最佳的经济效益。催芽播种后 2～4 d 每公顷用 40% 苄嘧丙草胺 900～1 200 g 或 38% 苄噁丙草胺可湿粉 540 g 兑水 600 kg 均匀喷湿畦面，封杀杂草幼芽，喷药时要求畦面湿润无积水；在秧苗二叶一心期到三叶期，结合施"断奶肥"上薄水，每公顷用 35% 苄嘧丁草胺 1 500 g 拌尿素撒施进行第二次除草。

（3）防治病虫　要注意秧田水稻绵腐病、立枯病（青枯、黄矮）、稻瘟病、稻蓟马、稻螟虫、叶蝉等病虫害的发生并及时防治。一般经过种子药剂拌种的秧苗很少有病虫害发生。

二、水稻移栽

1. 栽前准备

栽前准备主要有以下三点。

（1）精细整田，施足底肥　当年在水稻收割后及时翻犁，翻埋残茬，翌年在水稻栽前再进行犁耙。精细整田，达到田面平整，做到"灌水棵棵青、排水田无水"。底肥坚持有机肥为主，氮、磷、钾配合施用。栽前结合稻田翻犁每公顷施有机肥 22 500 ~ 30 000 kg，结合耙田每公顷施普钙 600 ~ 750 kg、钾肥 120 ~ 150 kg 作底肥。

（2）适时播种，适当早栽　单季晚稻育秧机插或旱育秧的秧龄控制在 15 ~ 18 d，手插移栽的，秧龄控制在 20 ~ 25 d。

（3）基础苗数的确定　基础苗数主要依据品种的适宜穗数、秧苗规格和大田有效分蘖期长短等因素确定。常年种植水稻的田块，每公顷种植 10.5 万 ~ 16.5 万丛，基本苗每公顷种植 30 万 ~ 45 万丛为宜。没有种过水稻的田块，由于肥力较高应以少本稀插为主，每公顷种 75 000 丛左右。

2. 移栽

目前有多种移栽方法，但主要有人工插秧和机械插秧两种。人工插秧指大田育的秧苗，主要靠人力手工栽培；机械插秧指塑料育秧盘培育的秧苗，主要是用插秧机代替人工，大片种植成本低。

秧苗移栽是水稻种植的关键环节之一，移栽质量的好坏对水稻产量的影响较大。手插秧要做到"匀、直、稳"。匀即行株距要均匀，每穴的苗数要匀，栽插的深浅要匀；直即要注意栽直，不栽"顺风秧""烟斗秧"；稳即避免产生浮秧，不栽"拳头秧""脚塘秧"。

机械插秧具体要做到以下五点。

（1）适宜水深　田面水过浅，插秧机行走困难，秧爪里容易沾泥，夹住秧苗，秧槽内容易塞满杂物，造成供苗不整齐；过深则立苗不齐，浮苗过多。一般要求 2～3 cm。

（2）田面硬度适中　保持田面合适的硬度，检查方法是食指入田面约 2 cm 划沟，周围软泥呈合拢状。田面过稀软，秧苗插不牢，容易下陷，田面过硬则容易伤苗，深度不足，易漂苗、缺苗。

（3）合适的播插深度　秧苗播插深浅对秧苗的返青、分蘖及保全苗影响很大。一般播插深度为 0.5 cm 时秧苗易散苗、漂苗或倒苗；超过 3 cm 时则会抑制秧苗返青，减少低节位分蘖，高节位分蘖增多，延迟分蘖。机播合适的播插深度一般在 2 cm 左右，人工播插的深度在 1.0～1.5 cm，钵育苗摆栽体与泥面平，钵育苗抛秧面入泥 2/3 为好。

（4）适龄壮苗　播插适龄的壮苗对水稻的返青、分蘖影响大，要求 3.1～3.5 叶的旱育中苗或 4.1～4.5 叶的旱育大苗。秧龄适中的壮苗返青快、生长好。

（5）合理密植　秧苗的播插密度与稻田田块的土壤肥力、秧苗质量、气候条件和栽培技术等密切相关。一般单位面积基本苗数的确定以预期收获穗数的 20%～25% 为宜，通常在每平方米 125 株左右。稻鳖综合种养的稻田为弥补因开挖沟坑而减少的播插面积，在沟坑周边要适当密植，以充分利用水稻的边际效应，使基本苗数保持基本稳定。

第二节　养殖管理

一、鳖沟消毒

在苗种投放前 10～15 d，每公顷鳖沟用生石灰 1 500 kg 化水进行消毒，以杀灭沟内敌害生物和致病菌，预防疾病发生。

二、螺蛳投放

4—8 月，在鳖沟内每公顷投放活螺蛳 2 250 ~ 3 000 kg，以降低稻田浮游生物量，净化水体。活螺蛳用 30 ~ 50 g/L NaCl 溶液浸泡 3 min 后下田。

三、鳖苗放养

鳖苗放养的方法可选择以下两种。

1. 先稻后鳖

每年 5—6 月种植水稻，7—8 月放养幼鳖。放养的幼鳖以自繁自育的中华鳖为佳，应无伤无病，体质健壮，且大小基本一致，每公顷宜放养只重在 0.2 ~ 0.4 kg 的幼鳖 4 500 只左右，放养前用 NaCl 溶液浸洗消毒。

2. 先鳖后稻

宜在稻田插秧前半个月至 1 个月放养幼鳖，一般 4 月放养幼鳖，5 月插秧种植水稻，若是机械插秧，应先放干水，2 ~ 3 d 后鳖躲到鳖沟以后再机械插秧。

另可放养少量大规格鲢鱼苗，以净化水质。放养前，鳖苗用 30 g/L NaCl 溶液浸泡 8 ~ 15 min，沥干水后投放。

四、饵料投喂

根据定质、定量、定时、定位"四定"原则投喂饵料。选用优质配合饵料（蛋白质含量 40% ~ 60%），搭配一定比例的新鲜饵料，如小鱼虾、新鲜白鲢或动物内脏等动物性饵料占总饵量 10% ~ 30%，蔬菜、麸类和饼粕类等植物性饵料占总饵量 8% ~ 15%，将动物性饵料切成小块或打成肉糜后配合投喂。4—5 月，日投喂量为鳖重的 2% ~ 5%，6—8 月是生长旺盛期，日投喂量为鳖重的 15% 左右，9 月以后日投喂量为鳖重的 10% 左右，分别在 9 时和 17—18 时投喂 1 次，下午的投喂量占 70%，饵料一般在 1.5 ~ 2.0 h 吃完，视残饵多少决定是否加料。当水温降至15℃以下时，停止投喂饵料。具体要根据当地的天气、水温、鳖活动情况适当增减。

1. 投喂方式

饵料投喂要适合鳖的摄食习性，能使鳖摄食速度加快，投喂软颗粒饵料比块状饵料更节省。

2. 投喂量控制

鳖摄食受环境因素变化的影响很大，当气温、水温发生变化时，应考虑对鳖的影响而调整投喂量，一般水下投喂应控制在30 min内吃完。鳖过量摄食时生长过快，容易导致鳖生理负载增加或超负载，引起鳖内脏受损而诱发内脏疾病。

3. 饵料选择

饵料成本在养殖成本中占40%左右，饵料的投喂方法和所选饵料品质的好坏决定养殖成本控制的成败。一是科学选料。若使用商品人工配合饵料，最好选用知名品牌的、质量稳定可靠的、新鲜的人工全价配合饵料。若是自配饵料，则要从各种营养成分的含量、添加剂的种类、原料的新鲜度、粉料的细度、原料的预混合等情况去考虑，选购质优价廉的饵料，尽量满足鳖每一个生长阶段的营养需要。二是科学用料。不论使用全价商品饵料、自配饵料或商品饵料配合鲜活动植物饵料来投喂，都一定要将饵料充分搅拌，注意饵料团的黏合度，最好制成颗粒料，进行水下投喂。投喂要求少量多次，保证鳖能吃饱不浪费，减少饵料在水中散失而污染水体。

五、水质管理

结合水稻和鳖不同生长期的需要适当增减水位，特别需要注意鳖沟和稻田水位变化，特别是持续降雨期要及时排水，干旱期要及时补充新水，在不影响水稻生长的情况下，可适当加深稻田水位，一般水深应控制在10~15 cm，高温季节保持水位20 cm以上。间隔15 d，每公顷用生石灰150 kg化水泼洒1次，配合使用微生物制剂改良水质，同时加注20%新水。

六、定期巡查

检查防逃设施，发现损坏，及时修补。掌握鳖摄食、生长、病害及池塘水质等情况。若发现死鳖，应立即捞出深埋或焚化，发现病鳖应及时隔离治疗。及时清除残余剩饵、生物尸体和鳖沟内的漂浮物等。防止鼠、猫、黄鼬、鹰等敌害伤害鳖卵和幼鳖。

七、病虫防治

病虫防治要做到"预防为主，防治结合"的原则，应定期进行鳖沟消毒，每天清洗食台。水质和水温对鳖的生长发育影响很大，要注意观察水色，分析水质。高温季节，5 d 用生石灰化水泼洒鳖沟一次，15 d 换水一次，加注新水一般不要超过45℃，同时避免水温温差太大对鳖产生的伤害。在不影响水稻生长的情况下，可适当加深稻田水位，一般水深应掌握在 15～20 cm。同时，为保证鳖的质量，应慎用农药，尽量选用高效低毒，严格控制安全用药。

八、越冬管理

鳖是变温动物，随着气温的降低而停止觅食，不需要再进行饲喂。入冬前，增加蛋白质含量高的动物性饵料投喂量，水温降至15℃以下时，排干田水后，在鳖沟、鳖坑底铺 0.2 m 的泥沙，然后重新注入新水，给鳖提供拟自然的越冬环境（图4-1）。越冬时，鳖沟水位要在 0.8 m 以上，将草帘等铺在鳖沟上防止水面结冰。水体氨氮含量不得高于0.02 mg/L，定期对水体消毒、加注新水，确保每次加注新水量少于10%，水温温差不能过大，避免鳖感冒而致病，严禁惊扰、捕捉等操作。

图 4-1   稻鳖田中的越冬鳖

第五章

稻鳖病害防控

第一节　水稻主要病虫害

一、虫害

稻田养鳖水稻主要虫害有稻纵卷叶螟、稻飞虱。随着种植结构的单一化，二化螟、稻苞虫等虫害发生很轻，对水稻后期产量影响不大。

1. 稻纵卷叶螟

稻纵卷叶螟是水稻常见的虫害之一，一旦发病后会以幼虫吐丝纵卷水稻叶片成虫苞，幼虫躲在其中取食叶肉，留下表皮，形成白色条斑，致水稻千粒重降低，秕粒增加，造成减产（图5-1）。初孵幼虫至1龄时爬至叶尖处，吐丝纵卷叶尖或叶尖的叶缘，即"束叶期"；3龄幼虫纵卷叶片，形成明显的白叶；3龄后幼虫食量增加，虫苞增长；进入4~5龄，幼虫频繁转苞为害，被害叶片呈枯白色，严重时整个稻田白叶累累。全生育期发生三代，分别为四代、五

图5-1　稻纵卷叶螟

代、六代，以四代、五代危害为主，生产上主治五代。

2. 稻飞虱

稻飞虱也是水稻主要虫害之一，主要在春雨期间的时候出现较多，随风雨远距离迁飞繁殖为害（图5-2）。具有暴发性，对水稻致害性极强（特别是褐稻虱对水稻为害严重）。在荫蔽、潮湿的环境，成虫、若虫一般群集于稻丛下部活动，在稻株茎基部刺吸汁液，同时排出大量蜜露使稻丛基部变黑，叶片发黄、干枯。雌虫用产卵管刺破稻茎的表皮，将卵产于组织内。稻株被刺伤处常呈褐色条斑，严重时稻株基部茎秆腐烂，植株枯死形成一团一团的"黄塘""落窝"现象，常造成大片水稻枯黄倒伏，对产量影响极大。排泄物常导致霉菌滋生，影响水稻光合作用和呼吸作用，严重的稻株干枯、倒伏，甚至颗粒无收。全生育期发生三代，前期以白背飞虱为主，后期以褐稻虱及灰飞虱为主，生产上主治四、五代。

图5-2   稻飞虱

二、病害

水稻发生的病害主要是纹枯病和稻曲病。随着抗稻瘟病品种的推广应用，稻瘟病已近20年未发生。条纹叶枯病在2004—2008年发生过，但近几年随着对灰飞虱的有效控制，也很少发生。其他病害很少发生或不会发生。

1. 纹枯病

稻纹枯病是水稻发生最为普遍的主要病害之一，是一种由层覃科薄膜革菌属稻纹枯病菌引起的一种真菌性病害，一般在分蘖期到抽穗期盛发，先在近水面的叶鞘上出现暗绿色水浸状小斑点，以后逐渐扩大呈长椭圆形的纹状病斑（图5-3）。病斑边缘呈褐色，中央淡褐色到灰白色，潮湿时病斑呈灰绿色，水浸状半透明。以后病斑逐渐增多，互相连成一片不规则的云纹，向稻株上部发展。病部表面可形成由菌丝集结交织成的菌核，严重时可引起植株倒伏枯死。

图5-3　纹枯病

2. 稻曲病

稻曲病仅发生在穗部的单个谷粒，少则1~2粒，多则每穗可有10多粒。受害粒菌丝在谷粒内形成块状，逐渐膨大，使颖壳张开，露出淡黄色块状物，逐步增大，包裹全颖，形成比正常谷粒大3~4倍的菌块，表面平滑，最后龟裂，散出墨绿色粉末（图5-4）。

图5-4　稻曲病

第二节　中华鳖常见病害

近年来，各地人工养殖中华鳖发展迅速，在自然生态环境条件下的中华鳖少有生病，但在人工养殖过程中，由于温度、水质、光照、pH 及溶解氧的不稳定会导致各种各样的疾病。主要有传染性疾病和非传染性疾病两大类。传染性疾病指由病原生物引起的一大类疾病，包括病毒、细菌、真菌等微生物引起的疾病和蛭类、螨类、吸虫类和原生动物等寄生虫引起的疾病；非传染性疾病包括由中毒导致的疾病、遗传病及营养代谢病等。

一、细菌性疾病

导致中华鳖细菌性疾病的主要病原为气单胞菌（*Aeromonas*），该类菌大多是短杆菌，革兰染色为阴性，氧化酶反应呈阳性，是水体的常见菌。但它们生化特性存在着差异，侵染机体的途径与方式各不相同，最终导致患病动物表现的临床症状也不同。关于细菌引起的传染性疾病多有报道，鳖赤斑病、腐皮病、穿孔病、疖疮病、红底板病、白底板病、白点病、红脖子病、白眼病、烂甲病、水泡病及多种并发症等均由气单胞菌感染引起。

1. 腐皮病

50 g 左右的鳖易患该病。病鳖四肢、颈部、裙边的皮肤糜烂脱落，患部组织坏死并产生溃疡（图 5-5）。该病主要由气单胞菌引起，死亡率不高，约为 10%，但由该病引起的继发性感染（如红底板病）的死亡率则很高。

2. 疖疮病

鳖感染此病较多，死亡率较高。发病初期背甲或腹甲上有一芝麻粒大小的黄色脓点，然后脓点逐渐扩大至花生粒大小，病灶处隆起（图 5-6），用手挤压有腥臭味黄色内容物，严重时穿透背甲，引起并发症，最终造成死亡。部分鳖对该病有一定的抵抗力，病灶会

图 5-5　鳖腐皮病症状

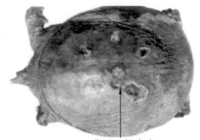

背甲上的疖疮

图 5-6　鳖疖疮病症状

逐渐收缩愈合，最后留下一个凹陷的疤痕，但会影响鳖的品质。

3. 红底板病

患此病的鳖大部分是成鳖，发病时间多为夏秋之间，死亡率高。病鳖腹部有出血性红色斑块（图 5-7），严重者溃烂。背甲、腹甲出现糜烂状的增生物，溃烂出血，病鳖口、鼻发炎充血。解剖病鳖，可发现舌呈红色，咽部红肿，肝呈黑紫色，肝、肾严重病变，肠充血、无食物。病鳖从发病到死亡时间短，目前尚无有效治疗措施。

图 5-7　鳖红底板病症状

4. 红脖子病

病鳖腹部有红色斑点，咽喉和颈部肿胀（图 5-8），肌肉水肿，行动迟缓，严重时口、鼻出血，全身红肿，眼混浊发白而失明。

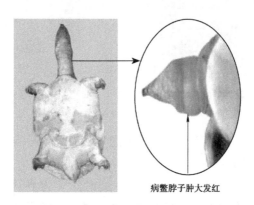

病鳖脖子肿大发红

图 5-8　鳖红脖子病症状

5. 白底板病

病鳖外观较厚，腹甲呈纯白色，其他部位完好无损（图 5-9）。肝大呈土黄色或青灰色，胆肿大、色淡，肾贫血，脾变黑小或呈淡红色肿大，腹腔往往有积水或淡红色血水，整只鳖是严重贫血、缺血状态。

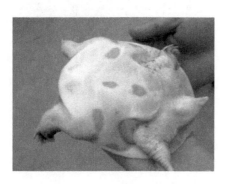

图 5-9　鳖白底板病症状

6. 穿孔病

发病初期，稚鳖行动迟缓，食欲减退。病鳖的背腹甲、裙边，四肢基都出现一些成片的白点或白斑，呈疮痂状（图 5-10）。

图 5-10　鳖穿孔病症状

二、病毒性疾病

病毒感染是鳖坏死性肠炎、黏液性鼻炎和各种肺炎等原发病的发病原因之一。早在 1996 年，张奇亚等首次从患多种病鳖肝肾脾等组织中分离到一种呈球形、直径大小为 30 nm 的病毒颗粒，从而开创了中华鳖病毒防治研究的开端。随后，一些学者从患"红脖子病"的鳖体内分离到一种致病性的虹彩样病毒。目前，人们对于鳖中是否存在烈性病毒性疾病的看法不一致，多数学者认为，未知的烈性病毒性疾病是存在的。2012 年，陈爱平等发现鳖腮腺炎病，是鳖的一种急性传染病，以腮腺缺血糜烂或出血为特征，病原还不清楚。李柏青在鳖白底板病病体中分离出直径约为 80 nm 的球形病毒。目前已报道的病毒有疱疹样病毒、虹彩样病毒、弹状样病毒、呼肠孤样病毒等。

1. 腮腺炎病

病鳖颈部发肿，全身浮肿，有时口鼻出血，腹甲部没有出血斑和出血点，成为纯白色的贫血状态（图 5-11）。

图 5-11   鳖腮腺炎症状

2. 出血病

又称为出血性败血症。患出血病的鳖，死前口鼻流血，将躯体拿起时，头颈和四肢软弱下垂。最显著的特点是腹腔充满极淡的粉红色血水，跳动的心室呈白色，腹甲部出现血斑或出血点，脖子不红肿。

3. 病毒样增生物

病鳖身体各处（以背甲最严重）可见白色的石蜡状增生物。患处最初呈白雾状，以后逐渐增大、增厚，甚至布满整个背甲，病鳖食欲下降，甚至不食，伏于食台，不怕惊。

三、真菌性疾病

引起鳖致病的真菌主要有水霉菌、毛霉菌等，较常见的真菌性疾病有水霉病、毛霉病、曲霉病、霉菌性肠炎、霉菌性口腔炎等。水霉病又称白毛病、肤霉病，由水霉菌、绵霉菌等水生真菌侵害受伤部位从而逐步侵蚀鳖体引起，对受伤稚幼鳖危害较大。毛霉病又称白斑病、豆霉病，病原为藻状菌目毛霉菌科毛霉菌属的一种霉菌。

1. 水霉病

病鳖被水霉菌侵入后，病菌会吸取营养开始生长，几天内即可覆盖鳖全身，造成鳖行动缓慢，食欲减弱，直至体弱而死亡。发病初期，菌丝还未生长，所以看不出什么异常情况，随着菌丝生长，鳖外表出现灰白色棉絮状菌丝，在水中看时呈絮状，层层浓密（图5–12）。

图5–12 鳖水霉病症状

2. 毛霉病

鳖毛霉病由毛霉菌引起。病鳖的四肢、颈部、裙边等处出现白色斑点。早期白色斑点仅出现在边缘部分，后渐渐扩大，形成一块块白斑，表皮坏死，部分崩解（图5–13）。

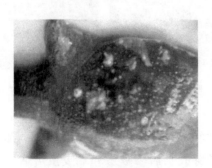

图5–13 鳖毛霉病症状

四、寄生虫感染

危害鳖的寄生虫目前已发现两大类：一类是营体表寄生，如纤毛虫、水蛭、蜱等，寄生虫主要寄生于鳖皮肤上，易被发现，研究也较全面；另一类是营体内寄生，如鞭毛虫、球虫、线虫、血簇虫、锥虫、吸虫等，主要寄生于鳖血液、肝、肾、肺、肠、胆囊、输卵管等器官中，其中血簇虫、锥虫主要在血液、红细胞、肝细胞内寄生。柴建原等对鳖血簇虫及锥虫病的病原作了大量研究，发现血簇虫在其生活史发育中，存在着无脊椎动物（鳖穆蛭）和脊椎动物（中华鳖）两种寄主的交替。

累枝虫病为寄生虫病，各种规格的鳖常年可感染此病，肉眼可看到鳖体四肢凹处、脖颈、背甲附着绒毛状的丝状虫体（图5-14）。该病造成的死亡率不高，但由该病引起的继发性疾病（腐皮病、毛霉病、疖疮病、红底板病、红脖子病）可使死亡率大大增加。因为鳖体表皮被虫体破坏后，各种病原乘虚而入，导致各病的发生。

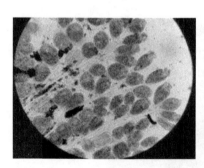

图 5-14　显微镜下的累枝虫（左）和感染累枝虫的鳖（右）

有的寄生虫如寄生在输卵管中的螨类，可导致输卵管炎；肩腹吸虫可导致鳖肠穿孔；后睾吸虫和端吸虫可造成胆囊炎。病鳖的背、颈、四肢附有白色纤毛状物，感染部位红肿发炎逐渐溃烂，食欲不佳，游动缓慢，重者可死亡。

五、非传染性疾病

导致鳖非传染性疾病大多是由于营养不良、水质恶化等原因。在投饲方面，长期投喂腐败变质的高脂肪动物饲料或饲料中缺乏维生素等原因会导致鳖脂肪代谢异常，引起病变；在日常管理方面，常由于水质恶化引起氨中毒，水过深或加水过快引起肺呛水，保暖防暑不当导致冻伤或中暑，以及由其他原因而引起各类中毒症及脱颈、难产等。这类疾病虽然无传染性，但对鳖的危害却相当严重，除了可以直接造成死亡外，还可能诱导病原继发性感染，出现大量死亡现象，同时对鳖养殖业造成经济损失。

1. 萎瘪病

患此病的鳖基本上是稚鳖和幼鳖，患病后 100% 死亡。鳖体全身柔软，身体瘦弱萎缩，全身骨骼外凸，裙边薄。

2. 氨中毒

氨中毒是伴随着鳖控温高密度养殖而出现的一种由非生物病因引起的鳖病。鳖氨中毒在温室的发生率很低，且症状和鳖红底板病相似，养殖者一般很难辨认此病，如果诊断错误，用药不当，将造成鳖大量死亡。鳖氨中毒和红底板病症状的区别是鳖氨中毒为点状充血，体表会出现大量水泡，裙边常会呈锯齿断裂；而红底板病为斑块状淤血，没有水泡，裙边完好。

第三节 防 控 技 术

一、水稻病害绿色防控关键技术

1. 灌水杀蛹，养鱼灭草

11 月初，水稻收获后稻秆全部还田，放水 40~50 cm，每公顷放养规格为 1.0~1.2 kg/ 条的草鱼 150~300 kg，利用草鱼吃食田间杂草及遗落稻谷特性，不喂任何鱼饲料；还可以放养 20~25 kg 的小龙虾。翌年 5 月上旬放干田水，每公顷用 1 500 kg 生石灰进行全塘消毒处理并晒塘 7 d，以消灭真菌类病原。后用拖拉机旋耕 2 次，耕平即可栽插。经该技术处理后，晚稻栽插后与多年养殖田改种水稻一样，基本上看不到杂草，水稻真菌性病害发生率也很低。

2. 选用抗病抗逆性强的晚粳稻品种

选用优质、高产、抗病性和抗倒性较强的中熟晚粳稻品种，由于后期水稻长期处于灌深水状态，具有较强耐湿能力的品种更佳。播种时间为常规晚粳稻在 5 月 15 日前后，杂交晚粳稻以 5 月 5—10 日为宜。

3. 种子消毒，消灭种传病害

种子用药剂浸种，消灭种传病害。浸种时保持种子离水面 15 cm 以上且不要搅动水面，浸足 48 h 后用清水冲洗干净，催芽播种。秧田期栽培管理技术可参照常规有机栽培。

4. 稀植栽插，宽行窄株

5 月下旬栽插，杂交晚粳稻每公顷栽插 10.5 万～12.0 万丛，每丛 2～3 株苗；常规晚粳稻每公顷栽插 15.0 万丛，每丛 4 株苗。由于种植密度稀且长期灌深水抑制了有效分蘖，每丛应比常规栽培多栽插 1 株苗，确保能达到预期的有效穗数，并能有效控制水稻纹枯病等真菌性病害。

5. 增施有机肥，不施化肥，提高植株抗病抗逆能力

利用鳖池多年沉积的有机物和当季成鳖排泄物及饲料残余，基本能满足水稻一季的营养需要，实施区不施用化肥。部分连年实施稻麦二熟种植后的田块，如水稻有落黄现象，则可以每公顷增施 7 500 kg 商品有机肥作底肥。

6. 稻鳖共作，生态调控，抑制"二迁"害虫为害

水稻栽插后经过 1 个多月的生长，苗体生长已经转旺，能承受鳖的活动。7 月初每公顷放入规格为 250～300 g/ 只的幼鳖 7 500～9 000 只，利用鳖的杂食性及昼夜不息的活动习性，为稻田除草、除虫、驱虫、肥田，同时稻田也为鳖提供活动、休息、避暑

场所和充足的水与丰富的食物。稻鳖共作期间，保持田间 10 cm 的水位。第四、第五代稻飞虱高峰前 7 d，适当灌深水至 25～30 cm，保持水位 7～10 d，达到有效驱虫杀卵及消除稻飞虱在水稻叶鞘上产卵。通过鳖的活动和水位调控，水稻"二迁"害虫能控制在防治指标以下。

7. 科学水浆管理，确保活熟到老

水稻栽插后至 6 月底，按照水稻生产常规管理，可以适当露田促进水稻分蘖，但也要尽可能地及时上水，以水抑草，控制田间杂草生长。稻鳖共作期间尽可能保持田间水位 10 cm 以上，第四、第五代稻飞虱高峰期前后灌水至 20～30 cm，10 月 10 日之后排水搁田，让鳖逐步进入养鳖池。后期干湿交替，确保水稻活熟到老。

二、鳖病害防控技术

鳖发病原因很多，由环境条件变化、机体抗病力下降、养殖密度不合理等多因素造成，因此，有关鳖疾病的预防应该从多方面采取综合措施。

1. 生态预防

（1）保持良好的空间环境 合理规划稻田养鳖场地，满足鳖喜洁、喜阳、喜静的生态习性要求；加强环境监测，使养殖区域空气质量符合《环境空气质量标准》（GB 3095—2012）的规定。

（2）控制水质 定期换水或加注新水，用生石灰调节水质，使透明度不低于 25 cm，水色保持黄绿色或茶褐色。

2. 生物预防

在鳖池中搭配少量鲢、鳙，调节浮游生物量；在鳖池中养水葫芦，其量不超过水面的 1/5。

3. 消毒预防

（1）环境消毒 周边环境用漂白粉喷雾或扬洒；每周用含有效氯 30% 的漂白粉 1～2 mg/L 全池遍洒一次，或用生石灰 30～40 mg/L 化水全池遍洒，两者交替使用，达到对池水消毒的效果。

（2）鳖体消毒   亲鳖放养前使用 30 g/L NaCl 溶液浸浴 10 min。

（3）饲料消毒   对于投饲的鲜动植物饲料，洗净后用聚维酮碘（含有效碘 1%）30 mg/L 浸泡 15 min 后投喂。

（4）工具消毒   养鳖生产中所用的工具应定期消毒，每周 2~3次。用于消毒的药物有高锰酸钾 100 mg/L 浸洗 30 min；50 g/L NaCl 溶液浸洗 30 min；含有效氯 5% 的漂白粉浸洗 20 min。

（5）饲料台与晒台消毒   每周用漂白粉或氯制剂溶液泼洒饲料台和晒台一次，并在饲料台和晒台周围挂篓或挂袋，漂白粉或氯制剂的用量不超过全池遍洒的用量。

（6）其他消毒   除采取常规的苗种消毒、水体消毒预防及加强日常管理外，还可从以下方面着手预防。

通过向养殖水体投加有益微生物改善水质，预防疾病发生。向养鳖池中投加枯草芽孢杆菌（BS）、光合细菌（PSB）、硝化细菌（NB）、蜡质芽孢杆菌 4 种有益微生物可以使鳖池中的有机污染物得到有效分解，水体中的有机污染物氨氮、亚硝酸盐等含量降低，大大减少了换水次数、换水量和用药；在鳖的养殖水体中加入不同浓度的 FP04（红螺菌），可显著降低养殖水体中的氨氮含量和化学需氧量，并可减少鳖病害发生，提高鳖养殖成活率和增重率。

向鳖饲料中添加适量的免疫增强剂，以增强鳖对病原微生物的抵抗力，防治疾病的发生。在鳖饲料中添加亚硒酸钠、硒酵母、β - 葡聚糖、果糖 4 种免疫增强剂能明显提高鳖的抗病力和免疫力，同时还能提高血液中红细胞的数量；在幼鳖饲料中添加维生素，可以有效提高鳖的非免疫应答功能；在鳖饲料中添加中草药（如黄芩），能起提高免疫力的作用。同时，由于免疫防病得到了高度重视，相关疫苗的研制与应用不仅可以避免鳖患病后喂药困难及出现抗药性，还能节约养殖成本。可用嗜水气单胞菌佐剂灭活疫苗免疫中华鳖抵抗嗜水气单胞菌的致死性感染。

在日常饲养管理中要做好消毒工作，特别是从外地购入的鳖要严格检疫。消毒剂在日常饲养管理中的应用也显得越来越重要，如运用二氧化氯对温室饲养中华鳖的水质进行净化；运用有效微生物群在中华鳖养殖水体中使水质得到较好的净化和防病效果。

另外，在稻田养鳖过程中，鳖喜食田间昆虫、飞蛾等活饵，故田间虫害较少，一般可不施化学农药；如果病害较严重，可以喷洒高效低毒的农药和生物制剂进行防治。另外，施药时，可在药液中加入黏附剂，并将喷嘴贴近水稻且朝上，以让药液尽量喷在稻叶上，或者先将鳖诱至沟、坑中暂养 2~3 d，药效消失后方可放入稻田。

平时应定期进行鳖沟消毒，每天清洗食台；每20 d用20 kg饲料添加大蒜素50 g拌后投喂或者将中草药铁苋菜、马齿苋、地锦草等拌入饲料中投喂，以预防疾病发生和增强鳖体质。高温季节，每5 d用生石灰水泼洒鳖沟一次，每半个月换水一次，每月用敌百虫、灭虫灵等渔用杀虫剂消毒一次。

鳖一旦发病，应减少投喂，及时换水，改良水质。在治疗过程中，应对症下药，选用高效低毒的无污染、无公害及易降解的药物制剂，确保用药安全。坚持"以防为主、防治结合、无病先防、有病早治"的方针，预防的重点应放在切断病原传播途径，改良养殖环境，提高鳖自身免疫力方面。充分利用稻田的自然环境优势，坚持绿色养殖和生态养殖，降低发病率，提高鳖品质。

第六章

中华鳖起捕运输

第一节　捕　捞　方　法

中华鳖可根据市场行情和规格随时起捕，采用网捕、赤手捕捞、鳖枪捕捞和须笼捕捞等方法进行。在水稻收割后需要集中捕捞时，先将水逐步排干，使鳖进入鳖沟、鳖坑中，再集中捕捞。

一、集中捕捞

集中捕捞时间为 1 月上旬至 2 月初的春节前后，采取脚踏和翻泥捕捞法相结合（图 6-1）。先将池塘内水排至 20 cm 深，然后边捕捉、边将池水搅浑，再将池水全部排干，人不再入池，等到夜晚，泥沙中的鳖会全部爬出。此时可用灯光照捕，一般可一次捕尽。若不放心可用大的鳖叉在池塘中再戳一遍，像篦头发一样，也许会有收获。

图 6-1　人工捕获稻鳖田中的鳖

二、常年捕捞

根据市场行情和鳖的规格灵活掌握，捕捞方法有网捕、赤手捕捞、鳖枪捕捞及用须笼捕捞等。

1. 网捕法

这种方法不论水深浅都适用，网具与渔具相似，只是网眼不同，规格大。操作时动作要轻巧迅速，以防鳖逃走或钻入泥沙，撒网同撒渔网一样，用力分散网具。也可在鳖晒背或吃食时，用网局部围捕（图6-2）。

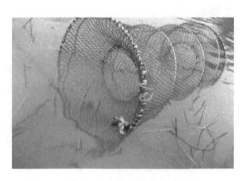

图6-2 捕捞鳖所用的网

鳖投网后，摘取要得法，一定要用一只手的拇指和食指先扣住两侧的后腿窝，才能用另一只手将其摘离网孔。否则，离开水的鳖，一旦咬住人手后，若不重新把它放回水中，或将其头切下，它是绝对不会松口的。因此，摘网时必须小心从事。夜间鳖爬到岸上栖息、活动时也可用灯光照射，使它一时目眩用手捕捉。装运鳖的帆布袋，在其顶端扎口处，必须用一块大小相当的多股胶丝编织网遮拦，既利于透气，也利于边摘边装，携带方便。

2. 赤手捕捞法

当见到鳖浮出水面晒太阳，或把头伸出水面吸氧，或水面冒出一连串气泡，或岸边有爬行的爪印及似鼠粪一样的粪便，但此刻又没有任何捕捞工具时，就只好赤手捉鳖了。在捕捉时，力求发出水声，使鳖受惊后钻入泥沙中一动不动。此时用双脚在鳖的沉没区踩探，当触到既不是石头、又非泥沙的硬物碍脚时，要弯腰或潜入水中，用手沿脚摸清是何物。在确认是踩上鳖时，将手插入它的体下，找准后腿窝，用拇指和食指卡住并掐入它的后腿窝后，才能抬脚将鳖提出水面。未出水面的鳖，一般不咬人，因掐住后腿窝后其头已缩回，不敢探出。这种赤手捕捞法，非常适用于邻近水库、湖泊、河流等水域（图6-3）。

图 6-3   赤手捕捞鳖

3. 鳖枪捕捞法

春末，鳖在池塘中觅食时，常浮至水面透出脑袋，遇有响动即迅速沉入水底并冒出一连串气泡。有经验的捕捞者，可据此准确地抛出串钩，待坠沉至水底后靠"涮"的方法，使钩绊住鳖的裙边或四肢。此法在池塘中可用至秋季，是钓鳖的专门技法。此法使用一种称为"鳖枪"的专用工具，其竿极似传统的"车竿"，但竿身较硬。钓线凭手指的压和松，在抛出时使线由摇轮经竿尖的滑轮，由坠的带动顺利滑出。钩的形状如加宽和压扁了的"M"形。钓鳖的关键是准确判断和寻找鳖在水底的位置，以适当的提前量，使串钩在水底快速移动，让钩在运动中划过鳖身时将鳖带翻。随着鳖四肢的划动和挣扎，两个向内微微折进的钩尖便深深掐紧鳖身。这种不使用钓饵的方式在池塘中特别奏效。

4. 用须笼捕捞

用竹子、柳条、铁丝、钢丝等编成肚大脖细的须笼，再用竹条编绕一个漏斗状的须笼头，在其漏斗的内侧，留出或插上一些伞状、末端尖锐的竹条，鳖可以爬进去，但不能够爬出来。用这种须笼，配以猪肝或用鸡血浸泡过的豆饼，或鸡血拌麦麸为诱饵（用纱布包好固定在笼内），用绳拴好须笼的颈部，投到鳖出没的水域，鳖就会自动钻入笼内。须笼若是柳编，应在笼内加一块石头，以利沉底固定。如兼捕鱼，可在笼内放点羊骨。一般在晚上投入，翌日清晨去取。若无人得知，可把牵笼绳拴棍插入水底，在岸边作出标记，无须夜间守护。如所选水域鳖较多，可多放几只须笼，以增加捕获量。由于这样捕捉到的鳖未受伤，捕捉后既可进行人工喂养，又可长途运输。

另外也可以用倒须型笼，定制延绳式笼壶类渔具，或竹篾编制成的裤形笼子。傍晚作业时，把笼放入池塘离池边 1 m 外，尾部系在竹竿上，翌日清晨可收捕。此方法适合需求量较少时采用，捕捞达规格的鳖上市或囤养。

第二节 运 输 方 法

随着稻田养鳖的兴起，其运输方法亦愈来愈多，但中华鳖性情凶猛，常互相争斗，运输中往往造成严重外伤、感染细菌而引起大批死亡。因此在运输中华鳖前应先严格检查待运鳖，选取外形完整、神态活泼、喉颈转动灵活、背朝下腹朝天时能迅速翻身的鳖，确保运输成活率。

一、活鳖装运前的准备

1. 严格检验

要求活鳖健康无病，外形完整无伤，神态活泼，活动自如。在春秋季将鳖背朝下腹朝天，视其能否迅速翻身。如果外形残伤，反应迟钝，腹甲发红充血，均不能作为活鳖装运。

2. 做好运前暂养

根据不同季节和起运时间采取暂养的方法，如春夏秋季将不能起运的活鳖转运至暂养池内暂养。暂养密度每公顷一般不宜超过11 250 kg，种苗如果数天就起运可不用投喂饵料，如暂养一段时间后再运输的鳖则需要正常投饵，并要保持水质清洁，防止病害发生。

3. 停饲和降温

若活鳖运输前气温较高，对饲养和暂养的鳖应停食 2～3 d，使其排出粪便以减少对运输工具和活鳖的污染，并用 20℃以下的水冲洗 1 次，并浸泡 10 min，以清洁皮肤和降低活动能力。

4. 消毒

活鳖运输工具要用高锰酸钾进行消毒，避免感染病菌。

二、活鳖包装工具

活鳖的包装工具随季节不同而不同。一般有以下 4 种。

1. 运输桶

椭圆形木桶，长 85 cm，宽 55 cm，高 40 cm。木桶底部有数个滤水孔。每桶能装 20 kg 活鳖。这是低温季节常用的包装工具。

2. 低温运输桶

运输桶离桶底约 1/2 处，用木条制成隔板，将运输桶分为两层。下层可容纳 10 kg 活鳖，上层可容纳 10 kg 冰降温。这种包装工具通常在高温季节使用。

3. 活鳖箱

适合高温季节使用。由木板和白铁皮制成，尺寸和规格视需要而定。箱底部有水口，在中间可以嵌入不同尺寸的网格。网格的大小以在每个网格中放置一只活鳖为宜。网格的底部覆盖淡水草，鳖的顶部覆盖水草和箱的盖子。

4. 鳖篓

冬季或早春使用。这个篓是竹制的。上部稍大，周长 40～45 cm，底部稍窄，周长 33～38 cm，高度约 36 cm。空篓可以相互重叠。运输时，使用草席铺在底部。一层是活鳖，一层是水草，然后是活鳖，依次填充。每个篓可容纳 5 层活鳖，约 20 kg。

三、活鳖运输方法

活鳖运输管理规定，常温下运输商品鳖的包装可用竹筐、木箱，里面光滑平整，用板按鳖的大小隔成数区，控制鳖的活动。筐或箱底铺以水草，加盖捆紧后运输。种鳖最好用纱布缝成小口袋，分个包装后再放入运输箱内，以提高成活率。箱的四周及底、盖须穿数个小孔，以利通风换气，避免鳖闷死。每筐装 10～15 kg，不超过 5 层。运输时要经常淋水，保持背甲湿润，防止蚊蝇叮咬和短途运输因干燥而死亡。长途运输时，应先让鳖的头爪缩回，选用大小适中的蚊布将其裹住，再紧贴鳖体用针线缝好，然后装入木箱或竹筐中，淋水湿润，这样可经得起较长时间的运输（图 6-4）。

图 6-4　鳖的包装和运输

此外，在寒冷季节运输商品鳖可用木料或塑料制成运输桶，长 85～90 cm，宽 55～60 cm，高约 40 cm，桶底钻上数个滤水孔，每桶可装运商品鳖 20 kg 左右。高温季节可另用木板和白铁制成的运输桶或活鳖箱，其规格可根据装运数量大小而定。箱底也钻有数个滤水孔，距桶箱 1/3 处或中间装嵌一隔板，格底铺上鲜水草。装鳖时先在桶或箱底铺上填充物，最好用鲜水草，如轮叶黑藻等，装鳖后在鳖上再盖水草或箱盖。

现介绍几种鳖的运输方法，仅供参考。

1. 湿沙运输

运输前，先根据所购鳖数量合理安排运输工具。一般运输鳖苗种，每公斤鳖需要用沙 10 kg，装运前，在车厢底部铺上一层水草，然后按用量装运上一定厚度的湿沙。装运中鳖会自动潜入沙中。然后再用湿水草覆盖沙面，上面用网衣笼罩，以防鳖爬出沙面逃逸。一般情况下，运输途中的鳖潜伏湿沙中静止不动，只有个别的爬在水草上，只要将其放回沙中即可。行车中要间隔一段时间淋水一次，保持水草、沙层有一定湿度，提高鳖的成活率。到达养殖地后，用手慢慢挖掘沙层，将鳖逐个拣出，轻拿轻放，切忌用手指挤压鳖的前腹部，以免造成内伤死亡。用湿沙运输鳖方法简单，经济实惠，运输数量多，无细菌感染，成活率达 98% 以上。

2. 干法运输

为防止运输途中鳖相互咬伤，影响商品价值，常用木板或竹篾制成扁平的竹筐或木箱，将其分格，底部垫上软垫，盖严实后运输。使用木箱运输，要在箱侧、底板及盖板上钻许多小孔，使之通气良好，以保证安全运输。

3. 短途运输

可采用篓装，用线将 50 cm 高的篓隔成两层，并分层用湿蒲包加盖装运，每层装入活鳖 5 ~ 7 kg。

4. 长途运输

可用木桶加盖装运，桶底应铺垫一层含水的黄沙（忌用水浸泡）。夏季须防蚊虫叮咬，冬季须加稻草保暖。

第七章

稻鳖综合种养实例

第一节　稻鳖共作综合种养实例

实 例 信 息

基地名称：稻鳖共作综合种养示范基地

经营规模：80 hm²

所在地址：江西省鹰潭市余江县锦江镇灌田村

一、基地简介

该基地拥有稻鳖共作综合种养面积 333.33 hm²，目前已开发 80 hm²，投入 3 000 余万元，以引进的优质清溪乌（花）鳖与优质水稻品种实行共作，坚持生态优先，品质优良（图 7-1）。基地坚持实行"公司 + 基地 + 协会 + 农户"的产业化经营模式，并已成功申请"鱼米农夫"品牌。基地致力于鱼米农夫生态园的开发，建成了高标准稻鳖共作田池 80 hm²，并在 2017 年全国稻渔综合种养模式创新大赛中获得了金奖。为进一步加快稻渔综合种养产业技术创新，增强基地的核心竞争力，提高企业效率，该基地与以桂建芳院士领衔的专家团队成立院士工作站（2017—2018 年），共同为开展稻渔综合种养试验示范、技术创新、人才培养等搭建了高层次的交流平台。这是全国首家稻渔综合种养院士工作站。

稻鳖共作综合种养模式依托江西省特种水产产业技术体系、鹰潭市渔业渔政局的技术支撑，是实现稳粮增效、以渔促粮、生态环保、质量安全的高效种养结合模式。稻鳖共作综合种养模式中鳖为水稻翻地，水稻则充当诱饵，为鳖引来各种虫类充当食物，鳖育稻生，稻促鳖长，相得益彰且明显降低鳖病发生，达到减少或不用药物防治的目的，很好地提高了清溪乌（花）鳖产量及品质；鳖频繁的活动将有机质不断翻动既有利于水稻植株充分吸收，还可将植株上的害虫吃掉或赶跑，降低了水稻病虫害的发生，水稻生长过程不用施肥也不需要用药，水稻和鳖产品均达到有机生产标准。该模式每年每公顷"稻鳖塘"折合纯收益约22.5万元。

图 7-1　稻鳖共生综合种养示范基地鸟瞰图

二、主要技术要点

1. 水稻品种

（1）'秀水 121'　系浙江省嘉兴市农业科学研究院选育而成的中熟晚粳新品种，2015 年 6 月通过上海市农作物品种审定委员会审定，该品种具有熟期适中、高产稳产性好、耐肥性强、抗倒伏、田间病害轻、综合抗性好、米质优等优点。

（2）'外引 7 号'　该品种全生育期约 170 d，米质外观晶莹透亮，米饭口感香滑可口（图 7-2）。

2. 鳖品种

清溪乌（花）鳖由腹部乌黑的野生中华鳖选育而来，全身乌黑锃亮，背部有深黑色斑纹，从吻端到四肢脚爪及尾的腹部为黑色。

图 7-2　稻鳖共作综合种养模式生产的水稻（左）和米（右）

背部有少量黑斑，腹部白色，且有四块较大黑斑，中间一块呈三角形的称为清溪花鳖。清溪乌（花）鳖体型圆，色青灰，体背扁平光滑，性格凶猛好斗，具有口感黏、嚼劲足、味道鲜、无腥味等特点，营养价值较其他品系的鳖要高（图 7-3）。

图 7-3　稻鳖共作综合种养模式生产的鳖

3. 稻田改造

基地外围全部架设有防盗栅栏，基地内每 0.67 hm² 为一个单元，用水泥砖块建设倒檐结构的防逃设施，每单元开挖 1 个 0.067 hm² 左右的鳖暂养池；每个单元都设有独立的进排水系统，并安装防逃设施（图 7-4）。

图7-4 基地稻鳖田

4. 水稻生产流程

（1）水稻生长期 4月下旬至5月初播种，经30 d育秧后移栽至大田，10月下旬至11月初收割，全生育期170 d左右（图7-5）。

图7-5 稻鳖田中插秧（左）与水稻收割（右）

（2）水稻肥料的使用 肥料皆为有机肥（经充分发酵的牛粪），视田块肥瘦程度施用。

（3）除草用药情况 基地除草皆为人工除草，全程未使用任何农药防治病虫害。

5. 鳖养殖流程

（1）鳖的养殖 实行"三段养殖法"。第一阶段为孵化育苗阶段（温室育苗），从5月至翌年3月，规格达到50 g，移至外塘养殖

（图7-6）。第二阶段为外塘驯化养殖阶段，从3月到翌年3月，规格达到100~150 g，此时可区分雌雄。第三阶段为稻鳖共作综合种养阶段（需要两年），把不同规格的雌雄鳖分开饲养，一般3龄鳖能达到500 g，4龄鳖可达800 g（可出售）。

图7-6　鳖育苗温室

（2）共作鳖饵料来源　一是稻田自身的天然饵料；二是用进口鱼粉自制鳖饵料；三是补充投放河溪野生小杂鱼。

（3）鳖病防治　放苗前用生石灰对全池进行清塘，养殖期间每个月用漂白粉对暂养池消毒一次，全程不使用任何抗生素药品防治鳖病。

三、绩效评价

基地稻鳖共作综合种养面积80 hm^2，每公顷产一季稻6 750 kg，剔除水分和脱谷损耗，稻米计重6 750 × 60% = 4 050 kg，按绿色食品优质大米价36元/kg计算，则水稻每公顷产值145 800元。

稻鳖共作综合种养每两年为一周期，每公顷田养殖生态清溪乌（花）鳖约1 800 kg，以销售价格260元/kg计算，则鳖每公顷产值可达468 000元。水稻和鳖每年每公顷成本约165 000元，每年每公顷"稻鳖塘"折合纯收益约214 800元。

四、基地发展特色

1. 制定科学合理养殖流程，建立强大专家队伍支持

基地在成立之初就联系江西省特种水产产业体系和鹰潭市渔业渔政局等相关专家，以及相关领域专家共同前往稻鳖生态种养基地查看稻田及周边生态环境和机插秧的前期准备工作，并前往鳖良种育种基地查看鳖育种、孵化、投放、养殖、捕捞等情况；就水稻和鳖共作栽培、养殖在实际种养中可能出现的问题和质量控制进行详细梳理和深入探讨，提出相应的技术方案和试验示范计划。并与以桂建芳院士领衔的专家团队建设成立院士工作站。

2. 加快稻渔品牌建设，提升产品价值

基地注册了"鱼米农夫"品牌，通过大力挖掘稻渔综合种养生态价值，积极推进无公害、有机、绿色稻渔产品的生产，进行系列化开发，提高产品附加值。通过高端订单农业的推广，基地大米销售价格达到 36 元 /kg，鳖销售价格达到 260 元 /kg。

基地实行"企业 + 合作社 + 基地 + 营销平台 + 物流 + 农户"模式。这种模式创新引入了农产品营销服务平台、农产品冷链物流体系以及资金池的概念，更有利于促进鳖产业产加销紧密结合，保障企业、合作社、农户等鳖产业链上利益联结体的合理收益同时，增强资金的安全性。通过订单农业提前付给公司一定资金作为保证金，用于基地建设、鳖生产和发展冷链物流等。

五、经验启示

稻鳖共作综合种养模式适宜水利条件良好，田间工程配套的单双季稻区。该模式以水田种养为基础，稻、鳖优质安全生产为核心，充分发挥了稻、鳖共作优势，为农业供给侧结构性改革提供发展思路。

1. 以"绿色生态标准"创建支撑江西鳖产业"绿色生态发展"

（1）制定和完善水产品生产技术规程，大力推广标准化生产技

术，严格执行标准化生产，强化标准化生产管理，以标准化生产提升水产品质量和品质；

（2）加强对养殖水环境和水产品的监测力度，特别是加强养殖水源、养殖后排放水的监测，加强对污染源的控制，规范养殖户行为；

（3）加强对水资源的保护，增加养殖户的环境保护意识，提高养殖水体的利用率；

（4）开发并应用全面的环保型饲料，降低水产养殖对环境的污染；

（5）减少养殖产品的药物残留，加强对养殖户病害防治知识的培训，规范养殖过程中的用药，提高无公害认证率；

（6）政府加大水环境保护工作的宣传、监管力度，促进产业的持续健康发展。建设环境友好型渔业，是未来发展的重要方向。我们要充分利用已有的生态资源，努力改善目前的养殖环境，使整个产业朝着生态型、效益型不断迈进。

以鳖为例，养殖出无公害和绿色优质健康的水产品品牌，减少养殖用水排放或达标排放。从养殖环境、水质、种苗、饲料、防病治病和生产管理等方面，依照绿色生态标准全方位实施和落实。

2. 创新订单农业运行机制，规避销售风险

规避订单农业的风险就需要在订单农业模式运行的体制和机制上进行创新，不断地完善、规范农户和生产主体的行为，保证诚信，使之处于良性循环。而人为风险主要是指要防止农业生产"大起大落"，农业生产经营规模太小太分散，容易出现大家"一哄而起""一哄而散"的现象。

真正要让农业、农产品生产和市场实现较好的对接，把订单农业、定制农业发展好，除了做好"互联网＋"，还要进一步解决好农民组织化问题，解决好农业生产的组织形式。这就要发展各种各样的农业生产组织，把大部分农业生产者纳入理性差异化的轨道，发展各种基地、合作社、农业企业等，建立长期的合作关系，才能有

效协调供需之间的关系。只有组织起来以后，形成分析判断能力，农民才能各自权衡自己到底该发展什么，这样才能形成稳定的供应、标准化的生产和优质的品牌。任何一种模式的发展，都要充分地考虑现实需求，灵活应用和定制。针对目标客户进行详细的需求分析，策略匹配，切不可模式套模式。订单农业模式在实施过程中要不断地进行调整和优化，才能走得更远。订单农业已经成为农业经营者营收的关键之路，但农产品品质、市场的差异化依然是订单农业核心。

第二节　莲鳖共作综合种养实例

实 例 信 息

基地名称：莲鳖共作综合种养示范基地

经营规模：111.33 hm^2

所在地址：江西省抚州市南丰县太和镇下洋村

一、基地简介

该基地以中华鳖日本品系、巴西龟、中华草龟、鳄鱼龟健康养殖为主，主推以龟鳖类亲本培育、种蛋孵化、种苗培育、温棚"二段法"稚幼苗育养、外塘商品龟鳖生态养殖及后备龟鳖亲本选育的一体化的现代养殖新模式。并逐步引进名贵龟种的试养（图7-7）。2013年获"农业部（第八批）水产健康养殖示范场""抚州市休闲农业示范点"创建单位。

按照现代农业生产发展渔业建设项目实施方案要求，2012年以来，该基地先后投资1亿元用于池塘标准化水产健康养殖示范基地改造、工厂化设施渔业建设、中华鳖良种扩繁场改扩建项目，建成并投产4个养殖区，面积合计111.33 hm^2。其中，康都种鳖培育区15.33 hm^2；丹阳后备种鳖选育区20 hm^2，丹阳稻、莲鳖综合种养基地33.33 hm^2；下洋标准化环保型温棚56栋共4 hm^2、外塘商品龟鳖类生态养殖面积 26.67 hm²，养殖区总面积共计 30.67 hm²；望天外塘商品鳖生态养殖区 17.33 hm²。基地实行股份制经营方式，制定有完善的生产管理、财务管理制度，采取统一规划设计、统一建设、统一采购、统一管理、统一技术指导、统一销售的生产经营方式。

基地现有中华鳖日本品系种亲本存塘量 3×10^4 kg，年产种蛋 1 000 万枚，稚幼鳖 500 万只，商品鳖 1.8×10^6 kg，年销售收入突破 8 000 万元，实现纯利润 1 800 万元。

通过"公司＋基地＋农户"形式带动了太和镇 430 户农民从事鳖种蛋、种苗和商品鳖生产经营，户均年增收 7 万元以上。特别是 2017 年，基地通过采用莲鳖共作综合种养模式，每公顷田可节省化肥、用工等成本 2 250 多元，每公顷莲鳖共作综合种养水田年均可获纯收入 22.5 万元。

图 7-7 莲鳖共作综合种养示范基地鸟瞰图

二、主要技术要点

1. 模式原理

中华鳖养在莲田里，能吃杂草、水生生物，消灭危害性幼虫，起到除草除害的作用。另一方面，中华鳖觅食可以帮助莲田松土、活水、通气，排泄物还能肥田，有利于优化莲田的生态环境。莲鳖共作综合种养模式是在原有莲田的基础上进行改造，将莲田修平整后，一般三月中下旬开始莲藕育苗，栽种前施足底肥，每公顷施发酵后的农家肥 12 000 kg，种莲藕 2 250 余株，注水并用机械深耕耙匀，保留 30~40 cm 的淤泥层。随后沿莲田四周距田埂 50 cm 处，开挖"日"字形鳖沟，沟宽和深各 1 m。把开挖鳖沟的泥土用于四周田埂加高至 80 cm 左右，宽 50 cm 左右，夯实后，用塑料布等铺压，形成一个莲池。沿莲池四周一般用瓷砖等筑成 50 cm 防逃墙，瓷砖埋入土中 20 cm，防逃墙向池内倾斜。莲池两侧分别留出进排水口，用钢丝网拦好，在莲池边用浮板作为鳖的饵台和晒台。4 月初，每公顷投放螺蛳 3 000 kg。5 月中旬，投放体质健壮、规格整齐、每只重 250 g 左右的幼鳖，每公顷莲池放养 3 000 只左右；套养每尾约 50 g 草鱼、锦鲤等 7 500 尾左右。放入莲池前用 50 g/L NaCl 溶液浸洗鱼体 3~5 min。经过一年的养殖，中华鳖的平均规格可以达到 500 g 左右，回捕率一般为 60%。

2. 综合种养技术要点

（1）莲田选择　选择环境安静、交通方便、水源充足、水质良好、无污染、排灌方便、土层较厚，保水保肥能力强，洪水时不被淹没，枯水时不会干涸，敌害生物较少，清洁、无污染的田块。

（2）莲田改造　由于鳖有掘穴和攀爬的特性，防逃设施的建设是莲鳖共作综合种养的重要环节。莲田四周按养中华鳖要求设置防逃设施，一般是以瓷砖作为防逃围栏。根据种养需要，应在每块田边筑一个用竹片和木板混合搭建的 4~5 m² 的平台，供投放饲料和鳖晒背用。

（3）品种选择　选择适合当地种植的高产、优质、抗病的莲藕品种。挑选藕身粗壮、完整、无损伤、具 2~3 个腋芽、无病害和顺向一侧生长的子藕或孙藕作种藕，其单株藕重以 0.5 kg 为宜。鳖品种以选择生长速度适中、品质优良、抗逆性强、能适应多种养法的品种为宜，如中华鳖鄱阳湖群体。

（4）放养时间、规格和密度　莲藕是水生植物，气温达到 15℃以上时种植莲藕，施足底肥，以及在此基础上及早追肥是莲藕丰产的关键性措施之一。同时根据莲藕的生长特性，莲田水位按照浅 - 深 - 浅的原则进行，栽植初期种藕萌芽到抽生立叶，外界温度低，可保持 5~6 cm 的水位,提高地温,有利于早发芽,早生立叶。每公顷放养规格为平均体重 250 g 左右的中华鳖 3 000 只左右,放养时最好选择连续晴好的天气,放入莲池前用 50 g/L NaCl 溶液浸洗鳖体 3~5 min,并剔除因在运输过程中相互咬伤、碰撞等造成细菌感染引发皮肤溃烂的幼鳖。幼鳖下田后有一个适应期,不能马上喂食,应在投放后 5 d 左右开始喂食。每天 9—11 时和 17—18 时,在鳖池里投喂 2 次鳖膨化饲料,投饲料量一般为鳖体重的 0.5% 为宜,具体饲料投入量,要根据当时气候等情况而定,如遇天气状况不好而使幼鳖的食量减少,饲料投入量要相应减少。

(5)莲田管理 荷叶密度太大时,要从基部砍疏一部分,以增加光照。莲田前期水位较浅,水温受外界影响大,稳定性差。鳖放养后,水位要逐渐加深,在不严重影响莲藕生长的情况下,尽可能多注入些新水。莲田病虫害很少发生,由于采用生态种养模式,生物天敌多,生态环境好,对于虫害,通常采用绿色防控手段,即通过设置性诱剂、杀虫灯等进行物理防治。在莲藕种植后期,实行浅水灌溉,利用鳖昼夜不息的觅食活动来驱虫。同时,莲田投放适量螺蛳既可净化水质,又能为中华鳖提供丰富的天然饵料。鳖池内中华鳖的密度较高,为控制水质,高温季节不定期用二氧化氯等氯制剂全池泼洒预防,宜选择颗粒类型氯制剂,以方便操作和避免灼伤莲叶,在必要时须及时换水或加注新水(图 7-8)。

(6)收获上市及产品开发 生态莲鳖套养对莲藕和中华鳖的生长发育均有一定促进作用。种养结合后中华鳖等的排泄物为莲藕的

图 7-8 莲鳖共作综合种养的莲田

生长提供了更易吸收的有机肥料，中华鳖活动促进水体流动，对底泥起到疏松作用，从而促进莲藕生长。当莲田长出许多终止叶时，即可随时采收藕上市。鳖可根据需求捕捞上市，可养1年，也可养2年。鳖的捕捞有笼捕、光捕和干田捕等方法。从产品开发上看，莲藕微甜而脆，可生食也可做菜，能消食止泻，开胃清热，滋补养性，是一种优质保健且有一定药用价值的蔬菜。目前对中华鳖的利用一般只是食鳖肉，将鲜活中华鳖通过蒸煮、冻干、发酵、酶解等加工工艺，制成冻干粉、酒、饮料、多肽产品和即食产品等类型的食品，而其背甲、内脏、鳖头、鳖血等大多数被抛弃，而这些废弃物同样含有很高的营养成分，某些营养成分的含量甚至比可食部分还高，有待进一步充分利用。中华鳖有着独特的保健强身功能，易于开拓新的消费市场和养殖业，但中华鳖死后僵硬期较短，自溶速度较快，易受细菌侵蚀而腐败变质，且死亡后的中华鳖中的组氨酸易转化为有毒的组氨。因此，为进一步推动中华鳖产业持续发展，亟须研发生产出更多风味独特，有营养、保健和医疗作用的产品，这样可以极大提高中华鳖的附加值。

三、绩效评价

莲鳖共作综合种养：每公顷产莲子750 kg，按绿色优质莲子价120元/kg计算，则莲子每公顷产值90 000元。每公顷田平均养殖中华鳖1 500 kg，按200元/kg计算，则中华鳖每公顷产值可达300 000元。综合莲子和中华鳖每公顷产值390 000元，扣除种养成本165 000元/hm²，则纯利润达到225 000元/hm²。

四、基地发展特色

1. 莲鳖共作好处多，大幅提高产值

鳖的粪便中含有丰富的氮、磷、钾等元素，可以培肥水质，为莲藕提供生态有机肥料；莲藕可以净化水质，给小鱼、小虾等水生物创造良好的生长条件，而小鱼、小虾恰好是鳖最好的天然饵料。

如此一来，便形成了莲藕和鳖互助互利、空间合理配置、水资源充分利用的生态养殖模式。

莲鳖共作综合种养降本增效，绿色环保。在这种生态模式下，稻田减少农药用量超过 50%，减少化肥用量超过 20%，起到了明显的降本增效的效果。

由于鳖对农药十分敏感，莲田不能使用农药治虫，否则鳖容易会全军覆没；使莲田增产的过量化肥也会破坏鳖的生存条件。因此，农民为了鳖带来的高收入，克制使用农药化肥。

依靠莲鳖共作综合种养生态技术生产出的特色鳖和莲子，其品质效应和品牌效应不言而喻。莲田每公顷的产值从原来的 75 000 元提高到了 375 000 元以上，莲鳖共作综合种养生态模式下的 1 hm^2 水田的综合产值相当于过去 5 hm^2 水田的产值。

2. 利用 HACCP 体系创新应用到莲鳖共作生态养殖中

打造安全、健康、诚信的鳖产业链是一项系统工程；要养殖出无公害优质健康的鳖，并能获得经济效益，需要从养殖生产者的养殖环境、水质、种苗、饲料、防病治病、生产管理全方位去策划、实施、监督和落实各种措施，以建立一个完善的鳖管理体系和质量保证体系；建立一套鳖 GAP（good agricultural practice，良好农业规范）以及繁殖育苗 HACCP（hazard analysis and critical control point，危害分析与关键控制点）规程，形成一个专业的、系统的、规范的、保证质量的鳖养殖管理体系。通过该管理体系的应用，在鳖整个养殖过程中可以完全避免使用化学药剂，既保障了鳖的产品质量，又节省了养殖成本，实现鳖的绿色无公害养殖。

3. 党建推动订单农业，实现乡村振兴目标

作为太和镇鳖养殖同行里的明星，基地在今年组建了太和镇龟鳖党工委，制定和完善了各项人员和制度。目前，公司共有中共党员 9 名，建立各项党建制度 15 项，定期组织党员开展"三会一课"、岗位竞赛、技术创新，短短四五年时间，党建带动基地完成年营业额 8 000 多万元。

基地大力推广"龙头企业＋合作社＋渔民""村集体＋农户＋农家乐"和"水产批发市场＋水产品营销企业＋渔民"等发展模式，通过水产养殖专业合作社这一载体和平台，可以为农户（渔民）提供的多种专业化的服务，进而形成"生产在户、服务在社"，"生产家庭化、服务规模化"的新型渔业规模经营形态和经营体制。引导"低、小、散"的家庭承包经营向统分结合的经营体制转变并发展适度的规模经营。

该基地党员带头创新发展"订单农业"，带动太和镇430户农民从事鳖种蛋、种苗和商品鳖生产经营，在平等互利基础上，与农户签订鳖购销合同，合理确定收购价格，形成稳定购销关系。同时在联合党支部的倡议下，创新发展"入股分红"模式，创立农业专业合作社，把农户以入股的形式吸纳进来，农户不但可以获得日常劳动所得，还可以与公司按比例进行分红，大大促进了农民增收，户均年增收7万元以上。同时，基地吸纳的就业人员，年纯收入均在6万元以上。

五、经验启示

2017年中央一号文件指出，农业供给侧结构性改革的主攻方向为提高农业供给质量，突出"优""绿""新"。南丰县莲鳖共作综合种养模式紧扣改革脉搏，为渔业"转方式、调结构"探索出一条独具特色的道路，可复制，可推广。相关企业可以此为模板，通过政策指导在适宜地区全面布局"稻田（莲田）＋水产"种养模式，积极推进渔业供给侧结构性改革，同时为粮食稳产、农民增收做出新的贡献。

1. 创新科研体制，建立鳖种质标准

种质是特种水产养殖产业的基础，亲本培育的好与差是人工繁殖成败的关键。以下以鳖种业研发为例，在加速鳖良种选育研究的同时，应该加大鳖亲本培育研究的投入，研究内容包括亲鳖的入门条件、培育的环境要求、提供的营养标准等，建立切实可行的亲鳖培育技术标准和操作规程。使种业生产有章可循。首先，要对目前主要用于繁殖的品种进行遗传多样性研究和育种评估。重点建立鳖的种质标准，从宏观生物学、细胞学和生化遗传指标等方面建立与国际接轨的种质标准。其次，进行亲鳖种质鉴定和管理。对江西省主要养殖品种亲本进行种质鉴定和遗传多样性评价，并用条形码进行唯一性个体标记，建立纯系，并建立亲鳖档案；避免近亲繁殖。

2. 建立绿色鳖产品可追溯体系

运用信息化技术建立鳖质量追溯体系实现鳖养殖全过程跟踪的可追溯体系，让消费者吃得明白、吃得放心；建立鳖养殖生产信息采集技术和溯源系统或信息溯源核心数据库，完善养殖生产监管体系、防病免疫（质量安全）管理体系、营销信息化管理体系等的数据。利用互联网、物联网等先进的 IT 技术，采用电子标签、二维码识别技术建立鳖质量安全可追溯系统；通过追溯系统，对鳖的养殖生产、病虫害防治和销售经营实施全过程跟踪；提升鳖养殖企业的核心竞争力。推行统一的鳖管理模式、饲料配方、处方用药、生产记录统一格式，实现日常生产有记录，生产环节的各项追溯记录、信息管理可查询、产品流向可追踪、责任事故可追究、问题产品可召回、质量安全可追溯。形成一个有效的统一追溯信息平台的监管联动机制。

第三节　茭白鳖共作综合种养实例

实 例 信 息

基地名称：茭白鳖共作综合种养示范基地

经营规模：6.67 hm^2

所在地址：江西省上饶市玉山县岩瑞镇东山头村

一、基地简介

近年来，在江西玉山等茭白主产区较大面积示范茭白田套养中华鳖高效模式，经济效益、社会效益明显，应用范围不断扩大。根据鳖的生活习性和茭白生长条件分析制定生产工艺和技术方案。对鳖采用"分段养殖法"进行养殖，使其适应茭白的生态条件，与其共作。茭白鳖共作综合种养既保证了茭白的安全，有效控制了福寿螺危害，减少了农药使用，又能提高茭白和中华鳖品质，实现高产出；既保证了水产的发展，解决了种植业、养殖业争地矛盾，还从源头上提高了农产品的产品质量，茭白田养殖的中华鳖营养价值和商品价值高，获得消费者的青睐和市场的认可。更为重要的是茭白鳖共作综合种养对防止鳖高密度饲养带来的水质污染效果明显，对于着力打造"生态鳖、品质茭白"具有十分重要的意义（图7-9）。

图7-9 茭白鳖共作综合种养茭白田

二、主要技术要点

1. 养殖环境

茭白鳖共作综合种养示范基地 6.67 hm^2，基地地理位置优越，水源充足、水质良好，交通便利且安静，基地 20 km 范围内无任何工矿企业，土壤、水源、空气均无污染。

2. 茭白品种

选择具有适应性强、对水肥条件要求不高、植株生长旺盛、管理方便、采收期集中等特点的品种，适合本地的主栽品种有'金茭

2 号'。苗种来自本地苗圃，每公顷栽种 33 000 株左右（图 7-10）。

3. 鳖品种

选择身体扁平、生存能力强、抗病性好、口宽、喜食肉食动物的中华鳖为放养品种，挑选在温棚中经历稚鳖培育，生存能力强，抗病性好、身体匀称、活动能力强、健康无病害的鳖种，每公顷投放 1 500 只左右（图 7-11）。

图 7-10　茭白鳖共作综合种养模式生产出来的茭白

图 7-11　茭白鳖共作综合种养模式生产出来的鳖

4. 放养前准备

（1）加高加固田埂　所有套养田块的田埂都加高至 50 cm，宽 40 cm，坚实牢固，不垮不漏。

（2）开挖养殖池 茭白宽窄行栽植，每 0.33 hm² 为一个单位，每个单位留 5% 的面积不种茭白，留作鳖的晒背台和投喂场。

（3）进排水口安装防逃网 防逃网高 70 cm，宽 50 cm。安装时上端高出田埂 20～30 cm，下端插入泥土 15～20 cm，以防逃和敌害进入。防逃网用铁丝制作，网孔大小为 5 目。

（4）外围防逃设施的建设 选择高速公路用防护栏，下端 30 cm 埋入土中，上端高出地面 70 cm，顶部压沿内伸 20 cm，每隔 1.5 m 用镀锌管加固最上部用竹片、铁丝加固圈成整体防护栏（图 7-12）。

（5）晒背台 在田块中间或四周预留一块高于田面的空地用于中华鳖晒背。

图 7-12 茭白鳖共作综合种养防逃设施

（6）茭白种植 当地主栽单季'金茭 2 号'，是高产、抗病虫力强、适宜在耕层深厚的水田种植的良种。施足基肥，种植前每公顷施腐熟有机肥（鸡粪）22 500 kg，确保肥源。于 4 月中旬定植茭白，定植密度均为 18 000 株 /hm²，行距 1.0 m，株距 0.60 m（图 7-13）。

（7）鳖的投放 中华鳖品种来源于玉山县英明特种水产养殖场提供的'英明Ⅲ'中华鳖。选择身体匀称、活动能力强、健康无病

图 7-13　茭白鳖共生综合种养田块中的茭白

害的中华鳖为放养鳖种。该鳖种在温棚中经历稚鳖培育，生存能力强，抗病性好。5 月初投放鳖苗，规格约 500 g/只，放养时最好选择连续晴好的天气。鳖苗下田前用 50 g/L NaCl 溶液浸泡消毒。因鳖苗在温室培育，下田后应有一个适应期，故刚投放的鳖不能马上喂食，应相隔 7 d 左右再投喂（图 7-14）。

图 7-14　茭白鳖共生综合种养模式鳖投放

（8）田间管理

① 茭白生产管理　茭白套养中华鳖田块在生产过程中不施任何复合肥，茭白以吸收鳖的排泄物来满足自身所需养分。移栽后浅

水勤灌促分蘖，然后灌水逐渐加深；高温及孕茭期灌深水，任何时候灌水深度不超过茭白眼。茭白活棵后放水搁田，以后保持水层，并干湿交替（干时水深约 1 cm），直至孕茭期，孕茭期至采收期保持深水层（25～30 cm）。保证茭白洁白和良好的商品性。

② 鳖日常管理　科学投料。在饲养过程中，每天定时定点投放小杂鱼为主。日投放量视鳖吃完为度，夏季为旺长季节，投食量适当增加。当套养茭田福寿螺所剩无几时，可从周边水域拾取一些福寿螺破壳加以补充投喂。

③ 水质、水温调节　水质、水温对鳖的生长发育影响很大，注意观察水质并及时换水，注意控制水位，调节水温，不能用上块田的水灌下块田。特别是 7—8 月高温时期，对茭田的水质、水温要更加关注，一般 7 d 左右换水循环 1 次，可放养浮萍降温。

④ 茭白病虫防治　鳖的活动能增加土壤的通透性，其粪便又能作为优质有机肥，增加茭白植株本身的抗性，同时株行距较宽，很大程度上减轻了病害的发生。对于发生较多的二化螟、长绿飞虱等虫害，可采用杀虫灯诱杀，有效减少虫害的发生，必要时采用 20% 氯虫苯甲酰胺悬浮剂 2 500 倍液等高效低毒农药防治，并严格控制用量及安全间隔期。防治长绿飞虱可选用扑虱灵、吡虫啉等，锈病可用烯唑醇等药剂，孕茭期慎用，切忌雨前喷药。

⑤ 采收　8 月底人工梳理茭白黄叶，9 月底至 10 月初采收茭白，10 月中旬采收结束。茭白采收时间短而集中，同时用工量也减少。中华鳖在 12 月至翌年 3 月分批捕捞上市。

三、绩效评价

茭白套养中华鳖试验组：茭白田每公顷产茭白 16 500 kg，产值 66 000 元/hm²；每公顷产中华鳖 1 620 kg，平均售价 220 元/kg，产值 356 400 元/hm²，合计产值 422 400 元/hm²。成本包括田租 7 500 元/hm²、茭白苗 9 000 元/hm²、肥料 9 000 元/hm²；鳖苗 39 000 元/hm²、鳖饵料 45 000 元/hm²、人工费 22 500 元/hm²，共

计 132 000 元 /hm²。利润 290 400 元 /hm²。

对照组（纯种植茭白）：茭白田每公顷产茭白 16 500 kg，产值 66 000 元 /hm²。成本包括田租 7 500 元 /hm²、茭白苗 9 150 元 /hm²、肥料 12 000 元 /hm²、人工费 7 500 元 /hm²，共计 36 150 元 /hm²。利润 29 850 元 /hm²。试验组比对照组利润增收 260 550 元 /hm²，经济效益十分明显。

四、基地发展特色

1. 利用动植物间的共作互补原理，产出生态无公害的茭白和中华鳖

通过茭白鳖共作综合种养过程中产生的废弃物（排泄物、残饵等）转化为茭白生长所需的肥料，使茭白吸收了水中的营养盐，净化了水质，同时在高温季节有茭白遮阳，能有效保持水温稳定，给鳖提供优良的生长环境，而鳖摄食茭白田里的虫类、福寿螺等，减少了茭白生长季节的农药用量。维持茭白田生态平衡，茭白田套养中华鳖技术，不仅节省了水资源，节约了养殖成本，而且提高了土地利用率。

2. 实现药肥减量目标，减少农业面源污染

茭白鳖共作综合种养有利于茭白充分吸收鳖的排泄物，同时鳖的活动可促使水中溶解氧含量充足，利用茭白新根发育和提前分蘖，提高茭白的品质。鳖和茭白搭档，还可有效防治福寿螺，减轻福寿螺的危害与降低农药防治成本。中华鳖的快速生长期正值福寿螺的高繁殖期，正常情况下，福寿螺从 3 月上旬开始就能进行交配繁殖，快速生长高峰期为 6—10 月，而中华鳖一年中生长最旺期也是 6—10 月，在生长旺季中华鳖会因食物的缺乏而导致相互蚕食的现象，福寿螺的繁殖特性，正好给中华鳖的快速生长提供了充足的食物来源，避免了相互蚕食的现象发生。福寿螺的集群栖息，方便中华鳖的集群摄食，另外，福寿螺摄食时的声音对中华鳖能产生吸引作用，使中华鳖产生趋声现象，促使中华鳖对福寿螺的摄食。

养鳖肥田、种菜（茭白）吸肥，加上杀虫灯的使用，实现了药肥减量的目标，减少了农业面源污染，是一种良性的高效生态循环农业模式。

3. 成活率高，生长速度快

放养中华鳖的规格在 450 g 以上，到秋季可达 750 g 以上。成活率达 95% 以上。

4. 调优种养结构，实现增收增效

充分利用当地茭白资源优势，调优种养结构，实现农民、农业增收途径。茭白田套养中华鳖，每公顷冷水茭白产量 16 500 kg 左右，产值 66 000 元。每公顷茭白田套养中华鳖 1 500 只左右，产量 1 620 kg 左右，产值 356 400 元。每公顷收入比单种茭白增收260 550 元。

五、经验启示

茭白鳖共作综合种养模式除了较好的经济效益外，共作模式将种植业与养殖业有机结合，不仅保护和改善了生态环境，还提升了农产品的产量和效益，同时由于更少地使用化肥和农药，产品也更容易被百姓所接受，因此具有较好的社会效益和生态效益。将此模式向周边的水生产业区辐射推广，可带动由分散的传统农业发展模式向高效、立体、生态和绿色的现代化农业转型，大大提高种植户收益，促进产业链的发展，带来广阔的发展和应用前景。

茭白鳖共生综合种养模式适用于茭白等浅水位滩涂。只要选择水质优良，溶解氧含量高，水中浮游动植物丰富，水体无污染的环境均可套养。茭白作为一种常见的水生蔬菜，其质地鲜嫩，味甘实，被视为蔬菜中的佳品；而鳖是一种杂食性经济水产动物，其肉质细嫩，味道鲜美，具有较高的营养价值。在传统的农业生产中，茭白与鳖的种养模式是相互独立的，资源利用没有形成链条，阻碍了产业的进一步发展。而茭白田套养中华鳖综合种养模式利用茭白和鳖均只需要浅水位这一共性，在茭白田既种茭白又养鳖，实现优势互补，互利共赢。一方面，茭白行株距较宽，可以给鳖提供足够的活动空间，盛夏高温季节，茭白丛生繁茂，又可为鳖提供天然的庇荫场所。另一方面，鳖喜食水中福寿螺、寄生虫等动物性饵料，可以大大减少茭白病虫害的发生，其粪便又可作为茭白的优质肥料。因此，茭白鳖共作综合种养模式，不仅从源头上解决了种养过程中产生的化肥、农药、粪便等污染物问题，同时大大提高了土地综合利用率，促进经济、社会和生态效益的发展，具有极强的农业推广价值。

第八章

稻鳖综合种养营销推广

第一节　稻鳖综合种养发展现状

一、产生背景

中华鳖是我国传统的名贵水产品，但其大规模商业化养殖一直没有发展，直到 20 世纪 80 年代末至 90 年代初，浙江省突破了温室养鳖的模式与技术，中华鳖的商业化养殖得到了快速的发展。经过短短 20 余年的发展，养鳖业已经成为我国重要的水产养殖新兴产业。2018 年，全国（港澳台地区除外）养鳖总产量达 3.191×10^5 t，主要产区为浙江、湖北、安徽、江西、广西、江苏、湖南及广东等地。

近年来，随着水产养殖业转型发展的不断深入，中华鳖传统养殖业的发展面临困境。

（1）市场价格低迷　2012 年以后，传统养殖鳖的价格发生了很大的变化。鳖蛋的价格从 4.5 元 / 枚下降到 1.0～1.5 元 / 枚，温室鳖的价格从 50～60 元 /kg 下降到约 30 元 /kg、外塘鳖的价格从 60～70 元 /kg 下降到约 50 元 /kg。

（2）以传统温室养殖为主的养殖模式遇到了前所未有的挑战　主要原因在于温室放养密度高、不透光、水质易发臭变黑，加温用煤等高污染能源，对周边环境造成一定的污染，同时也影响了鳖的质量安全与品质。为此，一些地区开始整治温室养鳖。我国主要养鳖地区浙江省从 2013 年开始整治温室养鳖以来，到 2016 年，中华鳖温室养殖面积从约 1.6×10^7 m^2 减至不到 4.0×10^6 m^2。

（3）养殖成本居高不下　无论是外塘鳖还是温室鳖，市场价格一直低迷，但养殖成本居高不下，特别是饵料、劳动力成本等，养殖业主大多数无利可图，经营困难。

中华鳖养殖业要走出困境，必须进行养鳖业结构调整及养殖模式与技术创新的推广应用。在这种情况下，新的养鳖模式与技术应运而生：将温室作为培养大规格鳖种的重要手段，池塘、稻田及新型的透光生态大棚等作为养殖商品鳖的主要场所，以提高鳖的规格和质量，扩大优质鳖的市场销售；大力推广应用鳖用膨化颗粒饲料，降低饲料成本和对养殖水质的污染。

二、产业现状

稻鳖综合种养既是养鳖业转型发展的需要，也是我国古老的稻田养鱼的模式创新。稻鳖综合种养模式虽然在 21 世纪初刚出现，但目前已经推广到浙江、江西、湖北和湖南等地。此模式的广泛推广应用得益于养鳖业的结构调整、鳖在稻田环境的适应性及其较高的经济价值。各地的养殖实践表明，鳖摄取稻田中的害虫和杂草，鳖的排泄物为优质的有机肥料，可以大幅度减少农药和化肥的使用。同时，与大棚温室及专门养鳖池塘相比，鳖的放养密度不高，病害少，活动范围广，利于鳖的品质提高。

浙江省在 21 世纪初开始稻田养鳖、稻鳖共作，开始了这一模式的集成创新与推广应用，被称为"浙江模式"，目前已推广到江苏、江西、安徽、湖南、湖北及广东等省，养殖面积 13 333 hm² 以上。2018 年，稻鳖综合种养面积排名前 5 的省份依次是安徽、湖北、湖南、四川、浙江，5 省种养面积占全国稻鳖综合种养总面积的 91.79%；稻鳖种养水产品产量排名前 5 的省（自治区）依次为安徽、湖北、四川、江西、内蒙古，5 省（自治区）产量占全国稻鳖综合种养水产品总产量的 96.58%。产业规模方面，2018 年，安徽省稻鳖综合种养面积 5 507 hm²，同比增长 117.9%，主要分布在合肥地区。湖北省稻鳖综合种养面积 4 880 hm²，湖南省稻鳖综合种养面积 1 687 hm^2，江西省稻鳖综合种养面积 733 hm^2。经济效益方面，以湖北省为例，2018 年全省稻鳖综合种养中华鳖平均每公顷产量约 1 065 kg，与同等条件下水稻单作对比，单位面积化肥、农药施用量平均减少 40% 以上，每公顷平均效益 75 000 元以上，较水稻单作提高 67 500 元 /hm^2 以上。以浙江省为例，德清稻鳖共作综合种养示范基地每公顷产稻谷 8 250 kg、商品鳖 750 kg 以上。以江西省永修云山垦殖场稻鳖共作综合种养为例，每公顷产稻谷 7 650 kg、商品鳖 1 020 kg，预计每公顷产值 187 500 元，纯收益 90 000 元 /hm^2 以上（图 8-1）。稻鳖综合种养给养鳖产业结构的调整提供了一个可看、可学、可复制的模式，具有广阔的发展空间。

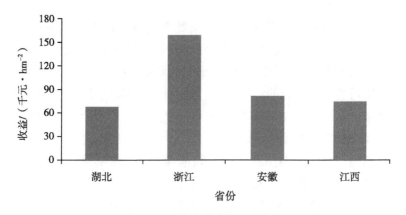

图 8-1   稻鳖综合种养主产省每公顷年均收益情况

三、技术模式

当前，稻鳖综合种养已发展出三种主要模式。

1. 稻鳖共作模式

稻鳖共作模式指在同一稻田中进行鳖的养殖与水稻种植。这一模式的优点在于：鳖稻几乎在同一生长季节实现互利共作，达到稻田资源的有效利用。在这一模式中，水稻的产量一般要求不低于当地的平均水平，在浙江单季水稻每公顷产 7 500 ~ 9 000 kg、鳖净产量 1 500 ~ 2 250 kg。放养方法有以下两种。

（1）放养鳖种　鳖种规格在 0.4 ~ 0.5 kg，当年养成规格为 0.5 kg 以上的商品鳖；或鳖种规格在 0.15 ~ 0.25 kg，2 年养殖商品鳖。

（2）放养稚幼鳖　将当年 7—8 月孵化出的稚鳖，经暂养培育后放入稻田，经 3 年左右的分级养殖，养成 0.5 ~ 0.75 kg 的商品鳖。目前以放养大规格的鳖种养殖成鳖较为常见。

2. 稻鳖轮作模式

鳖稻轮作模式指水稻与鳖在同一田块或池但不在同一年或同一季节种植、养殖，实现一季（年）水稻一季（年）鳖的轮换。

本模式的优点在于：稻田经 1 ~ 2 个养殖周期后，土壤中积累了一定的肥力和病原微生物，这时如再进行养鳖，鳖容易发生病害。如果改种水稻，水稻可以很好地吸收土壤中积累的有机物，少施肥或无须施肥；水稻收割后再放养鳖，由于土壤中有机物减少，可以减少鳖的病害。

对于一些基础设施较好但土壤肥力不足的稻田，也可以进行一季以鳖为主、稻鳖共作的鳖稻轮作，通过较高密度鳖的精养，来改善稻田的土壤结构、提高土壤肥力。

3. 稻鳖与其他品种综合种养模式

结合实际情况，在稻田生态种养的理念中不断融入生态、健康养殖，使稻田生态种养不断丰富起来。通过增加生态系统的生态因子，提升空间及营养结构的利用率，实现资源的持续性使用。在养鳖稻田中，鳖为主要养殖品种，套养一些其他品种，形成一种以鳖为主，其他品种如河蟹、小龙虾、青虾等套养的稻鳖与其他品种结合的综合种养模式。鳖与其他品种的套养一般以鳖为主，其他品种为套养，但也有以其他品种为主、鳖为套养的养殖模式。

四、效益分析

1. 经济效益

稻鳖综合种养能获得较高的经济效益。稻鳖综合种养实现了在稻田中收获多种产品，提高稻米、鳖的品质，具有很大的生产潜力，但由于养殖规模、技术的差异、市场、经营水平等因素的影响，收获的利润也各有不同（表8-1）。虽然养殖模式不同，其经济效益存在一定的差别，但总体表现为投入高、收益高。在稻鳖综合种养过程中，一定要掌握相应的管理技术，及时关注市场动态，尽量将风险降到最低。

表 8-1　不同稻田综合种养模式的经济效益比较

种养模式	产值 / （元·hm⁻²）	投入 / （元·hm⁻²）	经济效益 / （元·hm⁻²）	产投比
单季稻 – 鳖	166 409	56 658	109 751	2.94
稻 – 鳖 – 鱼 – 鸭	251 992	69 153	182 839	3.64
稻 – 鳖 – 虾	224 201	87 600	136 601	2.56
稻 – 鳖 – 虾 – 鱼	249 027	102 150	146 877	2.44
稻 – 鳖 – 鱼	118 900	50 400	68 500	2.36
稻 – 鳖 – 鱼 – 菜（草）	67 846	26 538	94 384	2.56
稻 – 鳖 – 鱼 – 螺	109 880	49 820	60 060	2.21
稻 – 鳖	68 390	44 220	24 170	1.55

2. 生态效益

（1）杂草及病虫害　稻田杂草和病虫害对水稻产量有重要的影响，稻田中稗草、雨久花、慈姑、耳叶水苋和水稻的稻飞虱、卷叶螟等对水稻生长影响巨大。田间试验表明，稻鳖综合种养模式下水稻密度小，通风好，不利于基部稻飞虱的生存，田间有益天敌（蜘蛛、肖蛸、蜂类）增多、鳖的捕食对田间害虫卷叶螟、稻飞虱（褐飞虱、白背稻虱、灰飞虱）具有良好的控制效果。此外，稻鳖综合种养也可有效进行杂草的防治。有研究表明，稻鳖综合种养模式下总杂草的株防效和鲜重防效达到86.9%和87.9%，防控效果与化学防控效果相当，但对禾本科杂草防控效果偏差。鳖在田间活动能破坏杂草生长环境，达到抑制杂草生长的效果。也有研究表明，稻虾及稻鸭模式对杂草防控效果极好，稻鸭、稻鳖对稻飞虱的防控效果好。由此推测，稻鳖综合种养模式中不断增加食物链环节，如小龙虾、鸭、鱼，对水稻病虫害及杂草的防治会具有更好的效果。

（2）稻田水体及土壤　稻田水体和土壤构成了稻鳖综合种养不可缺少的非生物环境，稻鳖的互利共生对稻田土壤和水体具有一定的影响。有研究表明，与水稻单作相比，稻鳖综合种养的土壤中有机质、速效磷和速效钾含量有一定的提高，pH 降低，全氮、硝态氮、铵态氮含量有所提高，在一定程度上对稻田的微生物群落产生影响。在稻田水体中，NH_4^+、NO_3^- 和 PO_4^- 浓度在水稻生长中后期会提高，而水稻根系能直接利用的氮源形式主要为 NH_4^+ 和 NO_3^-，对水稻产量有很大的影响。鳖在田间活动改变了土壤的疏松程度，增加土壤的氧气含量，鳖的代谢物通过不断地降解，影响着土壤的养分含量及微生物的组成。

（3）气体排放　温室气体的产生原因之一就是农业生产过程中机械、化肥、能源等的使用，使生物固碳的生态功能不断减弱。另外，有机物的氧化分解也加速了全球气候变暖的进程。从农业生产源头入手，增加农业生态系统的固氮定碳能力是一个重要的途径。

有研究表明，稻田养鸭能有效减少 CH_4 的排放，增加 CO_2 的固定量，减缓温室效应的潜力是常规淹水稻田的 1.6 倍左右；免耕"稻鳖鱼"固碳量比免耕水稻单作增加 8.7%，CH_4 排放总量减少 39.9%；在 CH_4 排放方面，免耕稻鳖鱼螺相较免耕稻鸭、免耕稻鳖、免耕稻鱼有了降低，固碳能力提高。由此可以看出，食物链的不断丰富，加强了生态系统的稳定性，使生态系统的腐殖质转化为动物体内的有机质被生态系统固定下来，提高了能量的利用率。生态系统越趋于稳定，越能有效控制温室效应并获得更高的收益。

五、发展趋势与展望

稻渔综合种养传承了我国悠久的稻田养鱼历史，稻鳖综合种养作为一种新兴的养殖模式得到普遍的推广与应用。在我国粮食安全中水稻位列首位，单种水稻效益低，影响农民种植水稻的积极性。稻鳖综合种养模式在不影响水稻生产的情况下能显著提高收益，能有效提高农民种粮的积极性。在当前水产养殖生态优先的发展理念指导下及养鳖业面临转型发展的情况下，稻鳖综合种养模式提供了生态利用稻田资源发展水产养殖业的成功范例，具有广阔的发展前景。

首先，生态农业的发展为稻田综合种养模式的发展提供了难得的机遇，实现了农作制度的改革，大力发展绿色、循环农业是我国现代农业发展的必由之路。稻鳖综合种养模式为这一发展提供了可行的途径。

其次，目前我国的养鳖业正面临转型发展的关键时期。出于对环境污染、产品质量安全等的担忧，传统的养鳖温室正在被整治、拆除。调整以传统的温室养殖为主导的养殖结构，建立以新型大棚温室培育大规格鳖种，用池塘、稻田等养殖商品鳖的"二段养殖法"养鳖和稻鳖综合种养模式等被认为是养鳖业结构调整的主要方向。

再次，稻鳖综合种养取得了良好经济效益与生态效益，稻鳖综合种养模式中产出的大米与鳖，均为优质产品，经过包装和市场营销，实现优质优价，社会效益、经济效益显著。

因此，在推广应用的同时，需要进一步从以下几个方面抓好稻鳖综合种养产业发展。

1. 编制发展规划

在真正了解农情渔情、摸清稻渔资源家底的基础上，按照"以粮为主，生态优先"的要求，科学编制稻鳖综合种养发展规划；要充分利用丰富的中低产田、低洼田块、冬闲田等建设稻鳖综合种养基地；要以市场为导向，整合各类资源，优化区域布局，整体连片推进，形成规模，突出特色；要以产业发展为导向，做到一、二、三产业融合发展。通过规划引领，指导推进稻鳖综合种养持续健康快速发展。

2. 提升科技水平

稻鳖综合种养是将水稻种植与鳖、农艺与农机有机结合的一种现代生态循环农业新模式，水产科研推广部门要加强与水稻种植、农艺、农机等部门合作，针对不同地区、不同稻田情况、不同种养方式，加强科技攻关，重点是水稻与鳖品种的选择与培育，选育出更适合于稻鳖综合种养环境的好品种，优化种植与养殖技术的集成与融合，特别是水稻田间操作、种养茬口管理、合理的放养密度与规格等；要加大稻鳖综合种养新技术推广力度，加强集中培训与巡回指导，切实提供全方位技术服务，推进稻鳖综合种养规模化、标准化、产业化发展。

3. 创建示范基地

选择积极性高、政府支持力度大、发展稻鳖综合种养有基础的地方，通过加大资金扶持力度和科技服务力度，结合高标准农田建设项目，完善稻田基础设施和养殖设施设备，创建标准规范、特色鲜明、稳产高效、生态循环的稻渔综合种养示范基地，强化引领示范，带动周边地区发展稻鳖综合种养。

4. 培育经营主体

切实采取措施，大力扶持稻鳖综合种养专业大户、家庭农场、农民专业合作社、农业企业等规模经营主体；坚持农民自愿，依法流转，鼓励通过公司租赁、大户承包、田地入股等多种形式，推进稻鳖综合种养适度规模经营，培育一批带动性强的新型经营主体，加快形成集约化、专业化、组织化、社会化相结合的稻鳖综合种养经营体系。

5. 打造稻鳖品牌

支持引导经营主体、行业协会等，按照"统一技术标准、统一生产（加工）工艺（流程）、统一包装标识、统一监督管理"的原则，分门别类共创品牌，如江西"鄱阳湖"品牌等；重点支持养殖规模大、经济效益高、产品质量好的稻鳖综合种养品种；要把稻鳖共作"绿色、生态"的理念融合到品牌宣传、包装设计中，利用媒体、会展、"互联网 +"等重点开展宣传和推介，培育一批在省内外具有较大影响力的知名绿色有机品牌，提高稻米、水产品附加值，提升稻鳖产品市场知名度、认可度和占有率。

第二节　种养开发模式与产品定位

一、种养开发模式

1. 稻 – 鳖 – 虾 – 鱼生态种养

稻 – 鳖 – 虾 – 鱼生态种养是通过运用生态经济学原理和现代生物技术手段，选用优质稻种与鳖、虾、鱼等水生动物品种共作，利用水生动物摄食与活动实现秸秆还田、清除杂草和害虫、疏松土壤、提供肥料，结合用频振杀虫灯综合防控水稻病虫害达到化肥、鱼药和农药零施用，稻田生态系统的结构和功能得到改善，从而实现高产、高质、高效的一种先进的生态高效综合种养模式（图 8-2）。该模式不仅提高了稻田单位面积经济效益，实现了稻渔双丰收，而且由于稻田不施用化肥和农药，在生态环境和农产品质量安全等方面也有明显成效，具有较好的经济效益，每公顷平均综合经济效益

图 8-2　稻 – 鳖 – 虾 – 鱼生态种养模式

基本稳定在 135 000 元以上，与传统稻田相比，稻田综合种养效益可以提高 12 倍以上，投资回报率达 200% 以上，能够实现小规模大效益，能极大地调动农民种粮的积极性，稳粮增效，满足人们对食品安全和生态环境安全的需求。

（1）稻田选择　应选择便于看护、地面开阔、地势平坦、避风向阳、安静的稻田，要求水源充足、水质优良、稻田附近水体无污染、旱不干雨不涝、能排灌自如。稻田的底质以壤土为好，田底肥而不淤，田埂坚固结实不漏水。

（2）稻田改造与建设　开挖田间沟。沿稻田田埂内侧四周开挖环沟，沟面积占稻田总面积的 8%，沟宽 1.5~2.5 m，沟深 0.6~0.8 m。面积在 1.33~2.00 hm² 的稻田还需要加挖"十"字沟，面积超过 2.67 hm² 的，需要加挖"井"字沟。

加高加宽田埂。利用挖环沟的泥土加宽、加高、加固田埂，打紧夯实。改造后的田埂，要求高度在 0.5 m 以上，埂面宽不少于 1.5 m，池堤坡度比为 1:（1.5~2.0）。

（3）防逃设施建立　可使用网片、石棉瓦和硬质钙塑板等材料建造。将石棉瓦或硬质钙塑板埋入田埂泥土中 20~30 cm，露出地面高 50~60 cm，然后每隔 80~100 cm 处用一木桩固定。稻田四角转弯处的防逃墙要做成弧形，以防止鳖沿夹角攀爬外逃。在防逃墙外侧约 50 cm 左右用高 1.2~1.5 m 的密眼网布围住稻田四周，在网布内侧的上端缝制 40 cm 飞檐。

完善进排水系统。进水口和排水口必须成对角设置。进水口建在田埂上，排水口建在沟渠最低处，由 PVC 弯管控制水位。与此同时，进排水口要用铁丝网或栅栏围住。

晒背台、食台设置尽量合二为一，在田间沟中每隔 10 m 左右设一个食台，台宽 0.5 m，长 2 m，食台长边一端搁置在埂上，另一端没入水中 10 cm 左右。饵料投在露出水面的饵料槽中。

（4）田间沟消毒　在苗种投放前 10~15 d，每公顷沟面积用生石灰 1 500 kg 化水进行消毒。

（5）移栽水生植物　田间沟消毒 3 ~ 5 d 后，在沟内移栽水生植物，如轮叶黑藻、水花生等，栽植面积控制在沟面积的 25% 左右。

（6）投放有益生物　在虾种投放前后，田间沟内需要投放一些如螺蛳、水蚯蚓等有益生物。螺蛳每公顷田间沟投放 1 500 ~ 3 000 kg。有条件的还可适量投放水蚯蚓。

（7）水稻栽培　养鳖稻田一般选择中稻田，水稻品种要选择抗病虫害、抗倒伏、耐肥性强、可深灌的紧穗型品种，目前常用的品种有'扬两优 6 号''丰两优香一号'等。

秧苗一般在 6 月中旬前后开始栽插。利用好边坡优势，做到控制苗数、增大穗。采取浅水栽插、宽窄行模式，栽插密度以 30 cm × 15 cm 为宜。在栽培方面要控水控肥，整个生长期不施肥；早搁田控苗，分蘖末期达到 80% 穗苗时重搁，使稻根深扎；后期干湿交替灌溉，防止倒伏。为了方便机械收割，一定要烤好田。烤田的时候，鳖就会陆续从田间爬向水沟。

（8）苗种投放　宜选择纯正的中华鳖。要求规格整齐，体健无伤，不带病原。放养时需要经消毒处理。鳖种规格建议为 500 g/ 只左右。虾种最好选择抱卵虾。

土池鳖种投放可在 5 月中旬前后的晴天进行，温室鳖种可在秧苗栽插后的 6 月中旬前后投放，放养密度在 1 500 只 /hm² 左右。鳖种必须雌雄分开养殖。有条件的地方建议投放全雄鳖种。在田间沟内还要放养适量本地鲫鱼，为小龙虾和鳖提供丰富的天然饵料。

虾种投放分两次进行。第一次是在稻田工程完工后投放虾苗。虾苗一方面可以作为鳖的鲜活饵料，另一方面可以将养成的成虾进行市场销售，增加收入。虾苗放养时间一般在 3—4 月，规格一般为 200 ~ 400 尾 /kg，投放量为 750 ~ 1 125 kg/hm²。第二次是在 8—10 月投放抱卵虾，投放量为 375 ~ 450 kg/hm²。

（9）饵料投喂　鳖饵料应以低价的鲜活鱼或加工厂、屠宰场下脚料为主。温室鳖种要进行 10 ~ 15 d 的饵料驯食，驯食完成后不再投喂人工配合饲料。鳖种入池后即可开始投喂，日投喂量为鳖重的

5% ~ 10%，每天投喂 1 ~ 2 次，一般以 1.5 h 左右吃完为宜，具体的
投喂量视水温、天气、活饵等情况而定。

（10）日常管理

① 水位控制　进入 3 月时，沟内水位控制在 30 cm 左右，以利
提高水温。当进入 4 月中旬以后，水温稳定在 20℃以上时，应将水
位逐渐提高至 50 ~ 60 cm。5 月，可将稻田裸露出水面进行耕作，插
秧时田面水位保持在 10 cm 左右；6—9 月适当提高水位。小龙虾越
冬前（即 10—11 月）的稻田水位应控制在 30 cm 左右，这样可使稻
蔸露出水面 10 cm 左右。12 月至翌年 2 月小龙虾在越冬期间，水位
应控制在 40 ~ 50 cm。

② 科学晒田　晒田时，使田块中间不陷脚，田边表土以见水
稻浮根泛白为适度。田晒好后，及时恢复原水位，不要晒得太久。

③ 勤巡田　经常检查鳖、虾、鱼的吃食情况，田间防逃设施
和水质等。

④ 水质调控　根据水稻不同生长期，控制好稻田水位，并做
好田间沟的水质调控。适时加注新水，每次注水前后水的温差不能
超过 4℃，以免鳖感冒致病、死亡。

⑤ 虫害防治　每年 9 月 20 日前后是褐稻虱生长的高峰期，稻
田里有了鳖、虾，只要将水稻田的水位提高十几厘米，鳖、虾就会
把褐稻虱幼虫吃掉。

（11）鳖、虾捕捞　11 月中旬以后，鳖可捕捞上市。收获鳖时，
可先将稻田的水排干，等到夜间稻田里的鳖自动爬出淤泥，用灯光
照捕。

3—4 月放养幼虾，2 个月后，将达到商品规格的小龙虾捕捞上
市出售，未达到规格的继续留在稻田内养殖，降低密度，促进小规
格的小龙虾快速生长。在 5 月下旬至 7 月中旬，采用虾笼、地笼网
起捕，效果较好。

2. 稻 – 鳖 – 虾生态种养

稻 – 鳖 – 虾生态种养模式是利用稻田水环境，既种植水稻又养

殖鳖、虾，使稻田内水资源、杂草、水生底栖生物、浮游生物、昆虫及其他物质和能量充分地被鳖、虾所利用，并通过所养殖鳖、虾的生命活动，达到为稻田除草、除虫、疏土和增肥的目的，提高自然资源的利用率，进而提高稻田的综合效益。通过该种养模式可达到每公顷产特色水产品 1 500 ~ 2 250 kg，产优质稻谷 6 750 kg 以上，每公顷纯收益可达 120 000 元以上。

主要技术要点同稻 – 鳖 – 虾 – 鱼生态种养模式。

3. 稻 – 鳖 – 鱼生态种养

稻 – 鳖 – 鱼生态种养模式是通过人工调控的水稻与鳖、鱼共作的稻田养殖复合生态系统，能够保证食物安全，维持农业可持续发展，提高综合效益。稻 – 鳖 – 鱼生态种养中鳖、鱼能摄食稻田中的害虫、杂草、水稻老叶病叶和病鱼，可为稻田清除杂草和抑制杂草生长、驱除害虫、减少鱼病的交叉感染，鳖和鱼的活动可以增加水体氧交换的频率，提高饲料利用率；鳖和鱼的食物残渣和粪便能被水稻吸收，稻田的环境有利于鳖和鱼的生长活动，水稻和鳖、鱼能起到相互促进的作用。稻 – 鳖 – 鱼生态种养模式杜绝了化肥、农药的使用，减少了养殖饲料的投入，提高了单位农田面积的产值，提高了农民收入（图 8-3）。粗略估计，稻 – 鳖 – 鱼生态种养模式综合产出可达 270 000 元 /hm^2，相较于单一的水稻种植或者水产养殖，经济效益都有较大的提高。稻 – 鳖 – 鱼生态种养模式实现了绿色高效生产，提高了农民收入，促进了当地农村区域经济发展，对实

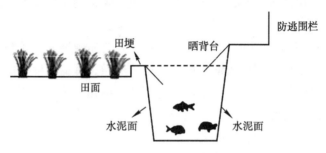

图 8-3　稻 – 鳖 – 鱼生态种养示意图

现乡村振兴具有积极的推进作用，对于实现我国农业绿色可持续发展，保证粮食安全具有重要意义。

（1）稻田选择 用于稻－鳖－鱼生态种养模式的稻田，应该选择水源方便、水质良好、土质良好、土壤肥沃、保水和保肥性好的水稻田，单块稻田面积控制在 0.67 hm² 左右，便于管理。

（2）挖田间环沟 为方便鳖和鱼活动、投饲、防盗，根据田块形状大小沿稻田周围开设上宽 2.5 m、下宽 2 m、深 1.2～1.8 m 的梯形环沟。环沟面积不超过稻田总面积的 10%。环沟周围可种植适量桑树和苎麻，为环沟遮阴，控制水温，为鳖提供避光的场所，桑叶和苎麻叶又可以作为鳖和鱼的青饲料。投放鳖、鱼前 10～15 d，以 1 050 kg/hm² 的生石灰撒田，以灭菌及中和土壤酸碱度。撒石灰时应该排干稻田中的水，撒施 7 d 后再灌水，再过 7 d 放养鳖、鱼种。养殖过程中使用石灰要少量多次，每公顷用量不超过 60 kg。用量过大，水中氨氮含量过高，会导致鳖和鱼死亡。消毒处理后，每公顷投放 1 500～2 250 kg 活螺蛳、适量沉水海藻（伊乐藻、轮叶黑藻）及适量浮萍（面积小于水面积的 1/3，零星分布为好），即可作为鳖、鱼的饲料，也可提供鳖、鱼栖息和活动场所。

（3）建立防逃防偷设施 为防止鳖攀爬和掘穴逃走，用瓷片（石棉瓦）在稻田四周做成防逃墙，瓷片（石棉瓦）入土约 25 cm，高出地面约 60 cm，每隔 15 m 打一个固定用的金属管。在防逃墙转角处的顶部固定一块塑料或者金属片，以防止鳖逃逸。进排水口均用 50 目双层钢丝过滤网隔离，以免鳖、鱼逃逸及敌害生物进入。在防逃墙外侧约 15 m 处设置防偷墙，每天进行田间巡查，晚上增加巡查密度。

（4）完善进排水系统 稻－鳖－鱼生态种养必须具备完善的进排水系统。进排水口分别设置在地势高处和地势低处，进排水口最好设置成对角，利于水体交换。

（5）设置食台 设置食台是为了给中华鳖提供定点取食和晒背（甲）的场所，可根据田块大小在田间沟中设置若干个饵料台。台宽 1 m，长 2.5 ~ 3.0 m，将食台的一端放在田埂上，另一端没入水下 5 ~ 10 cm 处并固定，形成一个利于鳖爬行的斜面。

（6）鳖、鱼种的选择　选择背甲暗绿色或黄褐色，腹甲灰白色或黄白色，平坦光滑，裙边宽厚，肌肉有弹性，活动迅速敏捷的中华鳖。要大小均匀，身体完整清洁，体色正常，无异味。

共作鱼可选择鲫鱼、鲤鱼和草鱼。鲫鱼和鲤鱼为杂食性，适应性强，能够适应高温或者低温，在浅水、低氧的环境下也能生长；草鱼可在较浅的水面活动，能够吃食各种青草，且食量大、生长快，活动能力强，鲫鱼、鲤鱼和草鱼都是适合稻田养殖、能与鳖共作的好品种。共作鱼要选择活泼健康、鳞片完整、体态均匀、无异味的鱼种。

（7）水稻品种的选择与移栽　水稻要选择分蘖力强、叶片直立、株形紧凑、茎秆粗壮、抗倒伏、耐肥性强、耐盐碱、耐淹、抗病虫、适合机械化的高产优质品种。一季稻、双季稻栽培均可。

水稻秧苗在 4 月底或 5 月上旬进行移栽，机插或者人工插秧。为便于鳖的活动，种植密度较常规低，移栽规格一般为 25 cm × 20 cm。

（8）鳖、鱼种的投放时间及密度　水稻移栽后 15 ~ 20 d，每公顷放养平均重量为 20 ~ 40 g 的中华鳖 30 000 ~ 45 000 只、平均体长为 8 ~ 12 cm 的共作鱼种 22 500 ~ 37 500 尾较好。鳖、鱼放养之前用浓度 20 ~ 30 g/L NaCl 溶液浸泡 5 ~ 10 min，去除鳖、鱼种携带的病毒、细菌、寄生虫。中华鳖性成熟后，雄鳖会因求偶相互撕咬，所以雌雄鳖分开饲养较好，避免鳖体受伤感染，影响商品鳖品质。第 1 批成鱼收获后再投放第 2 批鱼种。

（9）饲料投喂　为了促使鳖、鱼白天觅食，每天只在 16 时投喂 1 次。日投喂量一般为鳖重的 5% ~ 10%，以 2.5 h 内吃完为宜。记录鳖和鱼的吃食情况，以便调整投喂量，掌握鳖和鱼的活动情况。饲料要荤素搭配，由小鱼、小虾、玉米粉、豆渣、麦芽、麦麸、动物内脏等配制而成，为促进鳖和鱼对营养物质的消化吸收，还可以在饲料中加入复合维生素和益生菌。当水温降至18℃以下时，鳖钻进淤泥进入休眠状态，可以停止饲料投喂。

（10）适时捕捞 在稻谷将熟或晒田收获前捕捞。可根据销售需要分批起捕，捕大留小，分批上市。捕捞前先放水，使中华鳖和共作鱼进入环沟中，放水速度要慢，避免降水太快共作鱼在田面搁浅死亡。捕鱼网可放在排水口处，将鱼赶至排水口处，将鱼捞起。中华鳖可以在夜间用灯光进行照捕。

（11）田间管理

① 肥水管理 水稻移植后灌水，使水稻秧苗返青。为防止鳖和鱼进入稻田田面啃食水稻，前15 d环沟水面不高于稻田田埂。水稻移植15 d后按照正常水稻水分需求进行管理。为方便鳖和鱼爬上田面吃食害虫，可以将稻田水面灌至15～20 cm深，深水也有利于抑制害虫的生长和危害。收获前15 d，将田间水位控制在稻田面以下晒田，鳖和鱼回到环沟内。水稻收获后立即灌高于稻田田面30 cm的深水，鳖和鱼会啃食稻株残茬、杂草植株和种子以及害虫虫卵。稻田以施基肥为主，多施有机肥，少施化肥。基肥占全年施肥的80%左右，在耕地时施入。一般每公顷施用有机肥量约6 750 kg。稻田养鳖、鱼基本不用追肥，必要时可适当施尿素。

② 日常管理 定时巡查稻田，检查并记录稻田水质、水温、鳖和鱼的进食情况。及时清理食物残渣、病死鱼和环沟内的漂浮物。根据水质情况及时换水，一般1周左右换水1次，每次换水量为环沟水的1/3，水要控制在微碱性（pH为7.5～8.5），水体透明度保持在25～35 cm为宜，水色呈黄绿色或茶褐色。换水后均匀泼洒复合微生物制剂，以调节水质，避免环沟水温、水质变化太大，影响鳖和鱼的健康生长。日常检查田埂、防逃防偷设施、进排水口的防逃网，如有漏水或破损应及时修补或更换。

③ 病虫害防治 稻－鳖－鱼生态种养模式的水稻种植密度较小，稻瘟病和纹枯病发生较轻，鳖和鱼能摄食稻纵卷叶螟和褐稻虱，所以不需要对水稻病虫害进行特别防治。如若实在需要施用农

药，为保证鳖和鱼的质量，应严格控制用药量并减少用药次数，不连续用药或不连续施用同一种药剂。选择高效低毒的农药，尽量选择生物农药。注意施药方法，不采用泼洒和撒施的施药方式，可采用喷雾的方式，在进行喷雾时要使喷雾器的喷头朝上，使农药尽量喷洒在水稻植株上，尽量减少农药落在田面以及水中。施农药后要及时排水，减少田中水体的农药残留量，并及时灌新水降低水体污染，保证鳖和鱼安全生长。鳖、鱼病害防治要坚持以"预防为主，防治结合"的原则，保持食台和水体洁净，养殖沟每半个月用15 mg/L 生石灰或 2 mg/L 漂白粉再添加高效低毒的中草药消毒 1 次。夏季天气突变、雨水多、温度高，要增加消毒次数，适当加深稻田水位，根据水质、鳖和鱼的活动情况及时换水，减少鳖、鱼发病概率。

4. 稻 – 鳖 – 鱼 – 鸭复合共作生态种养

稻 – 鳖 – 鱼 – 鸭复合共作生态种养模式是指在同一块稻田中，在进行水稻生产的同时，利用稻田湿地资源发展中华鳖、鱼、鸭的养殖，螺蛳和底层小鱼的投放为中华鳖提供食物补充，浮萍的投放为鸭和鱼类生长增加了食物供应，从而实现对空间生态位的充分利用，更好地维护系统的平衡和有效地降低饲料投入成本，既能有效的防控稻田病虫草害，又可以使稻田经济效益最大化。该模式是一种环境友好型的农业模式，利用鳖、鱼、鸭的排泄物为水稻提供优质的肥源，水稻的种植为鳖、鱼、鸭提供良好的生长环境，在整个种养过程中不使用农药和化肥，有效降低了农业面源污染对环境的压力（图8-4）。该模式是将种植业和养殖业进行深度融合发展的多物种套养、多级食物链构架的生态种养模式，充分利用了物种间资源互补的循环生态学原理，实现一地多收，提高了单位土地面积的效益产出，增加了农民收入。这种种养模式既有利于稻田生态安全，又能为社会提供优质的稻米和水产品（禽类），对改善我国食品安全问题具有重要意义。

（1）稻田选择与改造

① 共作田选择　选择水源条件好、水体干净，无化工、养殖

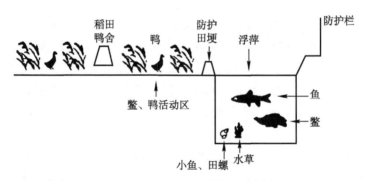

图 8-4　稻 - 鳖 - 鱼 - 鸭复合共作生态种养模式图

污染，排灌方便，土质良好、土地平整的稻田为宜，单块养殖区控制在 1 ~ 2 hm²。

②　稻田改造　沿稻田四周开设上边 3.5 m、下边 2.5 m、深 1.0 ~ 1.5 m 的倒梯形养殖沟，作为鳖、鱼、鸭生活与休息的场所，在稻田地势高的位置设置进水口，在地势低处设置排水口，进排水口均用钢丝网隔离；在田地四周用砖块或石棉瓦建造地基 0.5 m、高出地面 0.5 m 的围墙，并建好进水闸口和排水闸口防逃设施；利用开设养殖沟挖出的土方在稻田四周垒设高 0.3 m、下边 0.8 m、上边 0.5 m 的梯形小田埂，便于工作人员投放饵料及检查田间情况，亦便于分别控制稻田与养殖沟内的水位；在稻田中间位置垒设高 0.5 m、下边 3 m、上边 2 m 的梯形大田埂，修建鸭舍，供共作鸭育雏以及半成鸭的遮阳避雨。

③　稻田消毒　改造完成后对整个稻田进行消毒处理，施用生石灰 1 500 kg/hm²，杀灭共养田内病原微生物。每年年底利用空闲时间对稻田进行 1 次全面消毒。

④　水草移植及小鱼、田螺投放　在环沟内移植适量伊乐藻、轮叶黑藻等沉水水草，移植密度不宜过大，同时投放适量的小鱼和田螺。水面移植适量浮萍，覆盖面积不宜超过水面的 1/3。

（2）水稻种植

①　品种选择　选择高产、优质、抗病的当地主栽品种为宜。

特别要注意抗倒性，以抗倒伏、分蘖力强、熟期适中的品种为佳。

② 播种期选择 早稻应在清明前后育秧，4月底移栽。待早稻收获后，于7月初播种晚稻，7月下旬移栽，移栽后15~20 d将田内水位保持在2~3 cm，利用高温迫使共作鳖转入养殖沟生活，保证稻秧刚移栽时少受共作鳖爬行的影响，之后加深全田水位至15~20 cm。

③ 种植密度 采用"大垄双行"种植技术，大垄间隔40 cm、小垄间隔20 cm，株距16 cm，1丛2株，保证农田基本苗数在15万株/hm²。

（3）养殖品种的饲养

① 鳖的饲养 早稻移栽后15~20 d，按照密度1 500~3 000只/hm²投放中华鳖，放养规格为平均体重500 g，注意雌雄分开饲养，避免共作鳖性成熟后，雄鳖因求偶打斗而造成受伤感染，从而影响销售品质。

② 鱼的饲养 放养品种为草鱼、鳙鱼，放养密度为750~1 500尾/hm²，放养规格为平均体长7~13 cm；第1批鱼苗在2月初投放，第2批鱼苗在6—7月，也就是第1批成鱼收获后投放。

③ 鸭的饲养 放养品种为瘤头鸭或麻鸭，放养密度为1 500~3 000只/hm²。第1批鸭苗于3月底育雏，待鸭苗长至25~30日龄、早稻移栽后放入大田；第2批鸭苗于7月初育雏，待鸭苗长至25~30日龄、晚稻移栽后放入大田饲养。

（4）大田管理

① 日常管理 对稻田进行定时检查，检查稻田水质、共作对象进食情况，根据水质适时换水，保证每隔1周左右换环沟内1/3的水量，及时清除残渣剩饵、动物尸体和环沟内的漂浮物，检查防逃设施、鸭舍，及时维修。水稻移栽2周后，加深全田水位至15~20 cm，至水稻收获前15~20 d将田内水排干搁田，促进水稻籽粒灌浆及加速成熟。与此同时，养殖沟内保持0.9~1.3 m的高水位并控制水质，使田内的共作鳖由于干热转入养殖沟内生活。

② 饲料投喂　放入幼鳖后每天投喂 2 次饲料，每日 9—11 时和 17—18 时各投喂 1 次，饲料量为鳖重的 0.5% ~ 1.0%，同时应结合当天温度情况适当增减饵料饲喂量，以投放的饲料在 1.5 h 内吃完为宜。饲料由小鱼、小虾、玉米粉、麦麸、动物内脏等配制而成。共作鱼投放相同饲料。鸭苗 1 ~ 30 日龄采取自由采食的方式充分供给全价饲料，31 ~ 60 日龄每天每只补喂饲料 30 ~ 50 g，61 ~ 90 日龄每天每只补喂饲料 80 ~ 100 g。

③ 病虫害防控　由于稻 – 鳖 – 鱼 – 鸭复合共作生态种养模式的水稻种植密度较小，稻瘟病以及纹枯病发生很轻，加之共作鳖、鱼、鸭能大量摄食田间稻蟓、稻螟、稻飞虱，因此一般情况下不需要对水稻病虫害进行特别防治。养殖沟内或田间一旦发现死鳖或死鱼要及时清理，平时养殖沟要用生石灰或漂白粉进行消毒，在高温季节，针对性地添加高效低毒的中草药，从而最大限度减少共作鳖与共作鱼发生疾病；鳖的主要病害为白点病、红脖子病和穿孔病，要及时用药预防；定期泼洒 15 ~ 20 mg/L 的生石灰或 2 mg/L 的漂白粉，注意生石灰和漂白粉交替使用，每月消毒 1 次，5—6 月和 8—9 月雨水多、突变天气情况多，适当增加消毒次数，保证水质的透明度在 0.2 ~ 0.3 m，溶解氧含量在 4 mg/L 以上，化学需氧量在 10 ~ 20 mg/L，氨氮含量不超过 5 mg/L。

④ 适时收获　第 1 批共作鸭与第 1 批共作鱼于 6 月中下旬收获；早稻于 6 月底或 7 月初收获，水稻成熟时，使用收割机快速收割。第 2 批共作鸭于 10 月初收获；晚稻于 10 月底至 11 月初收割，方式与早稻相同；第 2 批共作鱼与共作鳖于 11—12 月根据市场需求捕获上市。

二、产品定位

鳖稻综合种养可以不使用或少使用农药、化肥，大幅度降低了农业的面源污染，降低了稻、鳖的质量安全风险。经检测，稻、鳖产品质量符合绿色食品的质量标准。另外，由于稻田中华鳖的放养密度较低，稻田水位浅、晒太阳时间多、活动空间大及捕食各种新鲜的天然饵料，鳖的体色鲜亮、品质佳，一些养殖业主以此为基础做成品牌米、品牌鳖，实现了优质优价，显著提高了种粮养鳖的综合效益。近年来，各地持续在品牌建设、经营模式创新、节庆活动、龙头企业培育和示范区建设等方面给予积极扶持，稻鳖综合种养产业融合度逐步提升，产业链逐步完善。

1. 品牌建设

近年来，各地积极培育优质渔米品牌，引导扶持经营主体打造了一批知名品牌，把稻鳖综合种养的"绿色、生态、优质、安全"理念融合到产品设计和品牌包装、营销中，扩大稻鳖综合种养优质稻米、水产品的知名度，有效提升了产业品牌价值。

2. 经营模式创新

各地因地制宜，创新产业经营模式，将种养、餐饮、垂钓、农事体验融为一体，实现标准化种养、有机稻米／水产品加工、创意农业体验和休闲观光农业发展于一体，助力稻鳖综合种养产业一、二、三产业融合发展。江西实行"企业＋合作社＋基地＋营销平台＋物流＋农户"模式，这种模式创新引入了农产品营销服务平台、农产品冷链物流体系以及资金池的概念，更有利于促进中华鳖产业产加销紧密结合，保障企业、合作社、农户等中华鳖产业链上利益联结体合理收益的同时，增强资金的安全性，通过订单农业提前付给公司一定资金作为保证金，用于基地建设、中华鳖生产和发展冷链物流等，通过大力挖掘稻鳖综合种养生态价值，积极推进无公害、有机、绿色稻渔产品的生产，进行系列化开发，提高产品附加值。通过高端订单农业的推广，基地大米销售价格可达到 36 元／kg，清溪乌（花）鳖销售价格可达到 260 元／kg。

3. 节庆活动

自古以来，我国以渔业为主题的节庆活动就很丰富。近年来，我国形形色色与稻鳖综合种养相关的节庆活动遍地开花，在传统节庆的基础上，不断注入新的元素，焕发出新的生机和活力。在活动中，各地将民俗文化、特色产品展出、文艺演出、体育竞技等有机融入，取得了良好效果。

4. 龙头企业培育和示范区建设

近年来，各地通过政策扶持，引导农户将承包经营土地采取转包、出租、互换、转让、入股等方式向稻鳖综合种养新型经营主体流转，推进适度规模经营，培育壮大稻鳖综合种养专业大户、家庭农场、农民合作社、农业企业等新型经营主体，扶持龙头企业做大规模，做强品牌，提升标准化生产和经营管理水平，形成区域性优势产业。江西形成了永修云山垦殖场、余江和南丰连片稻鳖综合种养核心示范基地，示范区通过集成创新技术模式和经营机制，辐射带动周边稻鳖综合种养发展，示范作用显著，成为当地推广稻鳖综合种养的主要方式。

第三节　营销推广方法与技巧

随着经济全球化进程的不断加快，我国稻鳖等水产品市场化程度不断提高，水产品也无一例外地面临着国际国内两大市场机遇及两大市场挑战。作为一个养殖企业，或是一个养殖户，在这样一个大趋势之下，既要埋头养好鳖，又要抬头观市场，卖好鳖。要想卖好鳖，当然要讲究市场营销策略。当前水产品市场是一个不断成熟的市场，对于经营者来说，不可千篇一律，墨守成规，要善于找卖点，爆"冷门"，捕捉信息，抓住商机，灵活把握，随机应变，这样才能真正成为一个现代化的渔业企业或新型职业的农民。

一、品牌建设策略

实施水产品品牌战略对于提升我国农产品质量有十分重要的意义，尤其是创建水产品品牌、提高水产品产品附加值迫在眉睫。但是我国水产品市场还处于初级阶段，无论是企业还是消费者，品牌意识比较淡薄；加之水产品本身生产周期长、受自然因素限制多等，都严重阻碍了水产品品牌建设的进程。

1. 进行精准的品牌定位与品牌设计

水产企业首先需要全面了解自己的品牌优势，并确定其所代表的属性，如绿色健康、价格低等；要以目标顾客群的消费需求作为品牌的出发点，以品牌所需要的特点作为中心点，通过把这些特点组成品牌来指导生产、服务，创造顾客需要的品牌以满足消费者而获利。其次品牌包装拒绝大众化、同质化和庸俗化，视觉上与其他同类品牌产生区分。最后，企业要通过公关、人际、广告、销售等方式将产品推广出去，使消费者对品牌产生认知，进而了解并喜爱品牌。

2. 优化产业链，丰富产品类型

企业要获得持续的竞争优势，提高品牌影响力，就需要不断开发新产品，丰富产品类型，开发水产品深加工领域，实现产业结构优质化、产品结构多样化，增强企业的市场竞争力。在品牌开拓期可以使用统一品牌策略，不断壮大旗下产品队伍。

3. 扩大与顾客的接触面，培养顾客品牌忠诚

品牌是维系生产者和消费者之间的基石，品牌忠诚是消费者持续性购买的基本保证。品牌忠诚可以简单理解为顾客持续地购买和使用同一品牌。品牌忠诚不仅仅是行为过程，消费者表现出持续购买此品牌的产品；也是认知过程，表现为消费者在选择具体产品时，会将自己所知品牌进行纵横对比，选出自己满意的品牌产品并对其产生情感，进而提高溢价能力。只有品牌与顾客互相了解，降低消费者的信息逆差，才会提高顾客选择该品牌产品的概率。这就要求企业应采取多种途径，如渔博会、食博会、线下经营店等形式，为顾客了解、体验产品提供便利，增加消费者黏性。

4. 多渠道营销模式，线上线下相结合

"互联网＋"是时代发展的新潮流，电商也深刻影响并改变了消费者的购物方式。水产品也要融入时代新潮流，由传统领域向电商领域发展延伸是必不可少的。线上可以通过网上商城、旗舰店和自

营店铺等形式营销；线下可以通过连锁店以及微信公众号定期推送产品信息。通过线上线下整合营销让企业品牌渗透到消费者的日常生活中。

5. 建立完善的生产管理体系和质量监督体系

标准化生产是提高产品质量、塑造企业水产品品牌的重要手段。在水产品收购、生产的过程中，要根据水产品的种类及其感官指标、理化指标和细菌指标等严格把控水产品的品质，企业最好制定一套高于国家规定标准的生产标准；同时加工车间要标准化建设，工人上岗生产应做好必要的消毒工作，整个加工生产过程全程监控，做好产品检验溯源工作。产品质量安全是企业生存的根基，而品牌则是企业发展壮大的关键所在，只有食品安全的根基打好了，品牌才有可能影响消费者的行为选择，因此水产企业要不断完善生产管理体系和质量监督体系，提高产品质量，增强市场竞争力。

6. 做好水产品品牌的维系与保护工作

品牌建设是一项长期系统的工程，品牌推出市场后，要不断对其进行维护更新，要及时掌握内外环境的变化以正确应对其对品牌可能产生的影响，要及时采取恰当有效措施开展稳定品牌市场地位、维护品牌价值等一系列措施。为了保护品牌成果，防范各种形式的侵权、侵害行为，做好品牌保护工作显得尤为重要。企业管理人员要增强产权保护意识，严厉打击假冒仿制等不法行为；加强水产品品牌保护立法，制定水产品品牌保护细则，加强行政执法部门打击造假售假的违法行为，做到"有法可依、有法必依"；行业协会要起到带头监督的作用，对企业品牌建设工作给予指导并约束和监督企业行为。

7. 加快水产品行业协会建设，发挥行业协会的作用

行业协会是指介于政府、企业之间，商品生产者与经营者之间，并为其服务、咨询、沟通、监督、公正、自律、协调的社会中介组织。行业协会是按照国家法律的规定，通过章程或协议的方式

由行业内的企业资源组成的民间组织，汇集了本行业的精英。水产品协会作为政府和企业之间的桥梁与纽带，应充分发挥其信息传递、统筹协作的作用。为政府相关水产政策法规的制定、企业生产标准的编排提供指导意见；规范协会内水产企业自觉遵守法律法规、维护市场经济秩序。

品牌是长久竞争的优势和最具有价值的无形资产，也是同质化产品竞争的有力武器，未来的营销将是品牌的竞争。品牌建设是一项长期系统的工程，不可能一蹴而就，尤其我国水产品品牌建设起步较晚，基础较弱；在品牌建设的过程中企业是主力军，要综合运用人力资源、科技资源、信息资源等进行系统的品牌建设，助力我国水产品品牌迈上更高的平台。

二、市场营销对策

1. 转变营销观念，以消费者为中心

市场经济条件下，水产品从业企业应以消费者需求为导向组织生产，并进行整体营销方案规划。大众需求是多元化、差异化的，因此水产品企业需做足"功课"，并转变营销观念，抛弃传统的单一促销方式，把消费者的需求放在第一位，并结合产品包装、促销、品牌文化宣传、广告、环保等因素，打造全方位的营销体系。准确把握消费趋势，是水产品企业成功的关键。

2. 营销模式多元化，开拓多种销售形式

水产品作为新鲜快速消费品，其核心是销售渠道，良好的销售渠道是企业竞争力的一种表现。水产品销售渠道是指完成多种职能的一系列营销中间商。之所以利用中间商进行销售，主要是因为较企业本身而言，中间商通常能够更有效地把商品广泛地投入目标市场。销售渠道的制定必须根据水产品企业自身情况及产品特征、消费者特征来进行，目标是建立与分销商长期互利互惠的合作关系。渠道方案通常有排他型分销、选择型分销、密集型分销等。由于各方利益的不完全一致性，以及权利义务规定不详细等原因，渠道有可能出现竞争或冲突。这就要求销售渠道必须有顺畅的反馈、交流制度。解决渠道问题的常见方法有把不同渠道层次中的人员互换职位，寻求其他渠道领导人的支持，以及通过调解、仲裁等措施。但采用这些方案的同时，必须考虑某些行为是否会产生法律和道德问题，如专营、排他性区域、捆绑协议等。此外，当今网络营销方兴未艾，采用一定的网络营销策略也是一种可行的方式。

关于水产品的营销模式大体可分为交易服务模式和社会化营销模式。交易服务模式大体就是第三方交易平台和自建网站。这也是现在大多水产品企业所采用的网络营销方式，单一且缺乏新意。水产品的销售形式应该有更大规模、更多元化、更主动的模式，社会化营销模式应运而生。社会化营销模式指借助微博、论坛、博客、微信等社会化网络开展企业营销活动，通过每个个体所存在的朋友圈不断整合，不断扩大营销范围，达到营销发展效果。

企业可以自主创建微博、论坛以及博客等社交平台官方账号。推广线上营销方式，发布关于企业产品的生产加工、包装运输等环节的图文及视频，实现企业生产可视化，增加消费者信任感。也可以发布各种水产品的相关消费者关注热点、推文吸引更多用户。以较低的投入成本，借助社交化平台的广大用户群体让更多的消费者了解本企业水产品，发掘潜在客户。

企业也可以借助微信营销的形式，通过微信朋友圈、公众号、微店等形式开展。通过线上形成一部分客户群，适时的朋友圈推文宣传、微店宣传以及代理宣传等形式扩大销售范围。"口口宣传"的形式，降低了消费者对商家发布广告的抵触情绪，能够更主动地对企业产品信息进行了解。在保证产品质量的前提下，实行网络营销方式多元化，多角度、全方位进行宣传，提升企业知名度，开拓多种销售形式增加水产品网上交易量。

3. 积极建设和完善电商营销平台

（1）提升网站应用水平　企业网站建立应根据消费者的消费诉求、市场调控以及企业自身情况等因素制定最适合企业本身网络营销及品牌推广的网站。在网站前期建设中，增加更实用性的设计，减少广告噱头，采取简洁符合大众审美的网页设计。关于网站内容发布，对于企业生产的每一种产品都有一个详细的产品信息介绍，还可以向消费者提供水产品实时市场信息及动态。网站后期运营通过推广宣传提高网站知名度，增加更多用户浏览量。对于消费者来说，影响消费者有关水产品质量安全认知的重点在于交易双方缺少透明度及信任感。因此，在网站发布信息中关于质量保证、产品安全、产品介绍、制作工艺等方面应要与消费者进行更多的交流，这样才能彻底解决水产品生产者与消费者信息不对称的问题。同时也增强了企业与消费者的互动性，有助于提升企业形象。

（2）确保网络支付安全　网络支付是网销水产品的重要组成部分，而网络支付系统安全也是网上销售所存在的安全隐患。随着电子商务的快速发展，网络支付的问题日益凸显。同时，第三方支付平台应运而生，为用户提供方便、快捷、安全的支付。以第三方担保的形式给交易双方提供更加公正安全的支付环境，切实保障买卖双方利益，降低交易风险。专业水产品网站与发展成熟的第三方支付平台相比较，在网络支付安全方面处于劣势。因此，专业水产品网站可以采取与第三方支付平台合作，构建相对安全的支付环境，确保用户购买产品时候的支付安全。

4. 实行物流整合策略

建立水产品完整的生产、加工、储运、销售冷藏链，从而提高鲜活水产品的冷藏质量和运输效率。企业也可结合自身产品的特性，创造适合电子商务平台销售的水产品，从而减少了"三保"问题出现的概率，确保物流效率的提升。

5. 实施差异性市场营销策略

差异性市场营销策略是指水产企业将整体市场细分后，选择两个或两个以上甚至所有的细分市场作为目标市场，并根据不同的细分市场的需求特点，分别设计不同的产品，采取不同的营销组合手段，制定不同的营销组合策略，有针对性地满足不同细分市场顾客的需求。市场上产品多，要找准自己的产品与大众化产品的差异，进行定位。差异就是优势，就是卖点。"人无我有，人有我多，人多我优，人优我廉"，要么"规格更大"；要么"口感更好"；要么"质量更好"。对于常见的品种，可以养至超大规格等。

6. 推行随机灵活上市营销策略

可以改变过去单季上市的习惯，采取轮捕轮放，随机上市的灵活经营模式。卖不上高价时，可以搞垂钓，发展休闲渔业；充分利用水面，多品种错季节实现名优水产品全年均衡上市；也可以在重大节假日或重要时期随机上市，还可以上门配送、连锁经营、超市经营、订单销售、网上销售等。

7. 实施综合经营策略

综合经营策略是结合各地实际情况，因地制宜地选择合适的综合经营方式。可以发挥水产品规模效应，从"薄利多销"中实现自己的效益；可以实现暂养增值，利用闲置水体将目前市场价低的水产品暂养，待节日或市场行情看好时待价而售；可以进行鲜活销售，水产品的鲜活销售与冰冻产品价格也有很大区别，可利用运输工具送货上门；可以实现加工增值，水产品加工业尤其是精深加工在我国方兴未艾，有着广阔的市场空间，如水产方便食品、快餐食品、营养保健品、美容食品及药物的开发，不但能消化季节性或地区性过剩的水产品，而且能实现不可低估的经济效益。可以积极寻找客户，广开市场，如开展网上招商、商函招商、外贸收购、"借船出海"、展会招商等。

8. 增强服务意识

随着水产品消费市场的不断成熟，消费者对于服务质量的要求也越来越高。由于水产品市场的特殊性，决定了其对服务的依赖更强。水产品种类众多，还有干制、腌制、罐头等数不胜数的制品，许多消费者对这些产品并不了解，消费存在一定的盲目性，作为水产品企业应为消费者提供相应的服务。在激烈的市场竞争中，服务已然逐渐成为水产企业的又一金字招牌，做好了服务，企业的竞争力必然会得到提高。向消费者提供全面的售前、售中及售后服务，如给消费者介绍水产品的种类及食用方法、营养价值等，让给消费者买得放心，吃得舒心。

当今市场竞争异常激烈，面对国内外市场的双重压力，水产品生产企业要想立于不败之地，必须转变经营思路，采用合理有效的营销策略，才能不断提高自身竞争力，保持长青。

附　录

稻鳖共作绿色生产技术规程

1　范围

本文件规定了稻鳖共作的术语和定义、产地环境、稻田改造、水稻栽培、中华鳖放养、共作管理及收获等技术。

本文件适用于江西地区稻鳖综合种养。

2　规范性引用文件

下列文件对于本文件的应用是必不可少的。凡是注日期的引用文件，仅所注日期的版本适用于本文件。凡是不注日期的引用文件，其最新版本（包括所有的修改版本）适用于本文件。

GB/T 26876　中华鳖池塘养殖技术规范

NY/T 391　绿色食品　产地环境质量

NY/T 1868　肥料合理使用准则　有机肥料

SC/T 1009　稻田养鱼技术规范

SC/T 1107　中华鳖　亲鳖和苗种

SC/T 1135.1　稻渔综合种养技术规范　第1部分：通则

DB 34/T 1701　绿色食品　水稻生产技术规程

3　术语与定义

下列术语和定义适用于本文件。

3.1　稻鳖共作（rice，Chinese soft-shelled turtle co-cultivation）

在种植水稻的田块中同时养殖中华鳖的一种种养结合模式。

3.2　沟坑（ditch and pit）

在稻田中开挖的集鳖坑（池）。

4　产地环境

稻鳖共作稻田应选择水源充足、水质优良、稻田附近水体无污染、旱季不干涸、雨季不淹没、保水性能好的一季熟稻田。田块最好为壤质土，土层深厚、有机质丰富、田底肥而不淤，田埂坚固结实不漏水，田块周边环境安静，进排水方便，交通便利，田块清洁、无污染，符合 NY/T 391 规定的产地环境质量要求。面积一般以 0.33 ~ 0.67 hm² 为宜。

5　稻田改造

5.1　堤埂

稻田改造重点是对连片稻田四周边沿的田埂进行加宽、加高、加固。方法是沿周边田埂开挖 50 cm 宽、30 cm 深的基脚沟，用挖沟的泥土加宽、加高田埂，田埂加高、加宽时，泥土要打紧夯实，确保堤埂不裂、不垮、不漏水，以增强田埂的保水和防逃能力。改造后的田埂，要求高度 1 m 以上（指高出水田平面），埂面宽不少于 1.5 m，池堤坡度比为 1∶3。稻田堤埂的改造应符合 SC/T 1009 的要求。鳖池堤的改造应符合 GB/T 26876 的要求。

5.2　沟坑

沿稻田田埂内侧四周开挖供鳖活动、避暑、避旱和觅食的环沟，环沟面积一般不超过稻田面积的 6% ~ 9%，要求沟宽 1.5 ~ 2.0 m，沟深 0.8 ~ 1.0 m。

鳖沟开挖方式主要有三种：一是环沟。离田埂 5 ~ 6 m 沿稻田四周开挖，沟宽 2 ~ 3 m、深 0.6 ~ 1 m，大的田块还可在中间再开挖稍浅些的"十"字形或"井"字形的鳖沟。二是中间沟。在稻田中间开挖条形鳖沟，宽 5 m 左右，长根据田块决定，沟深 0.6 ~ 1 m。三是对角沟。沿塘长边对角位挖两条鳖沟，一般面积 1.0 ~ 1.3 hm² 的田块可开长 25 m、宽 20 m 的沟，沟深 0.6 m 左右。

总的原则是沟总面积占稻田总面积的 10% 左右，挖沟的泥土用于田埂的加高、加宽、加固等，泥土要打紧夯实以增强田埂的保水和防逃能力。

5.3　进排水设施

稻田应建有完善的进排水系统，以保证使稻田旱季不干涸、雨季不淹没。进排水系统建设要结合开挖环沟综合考虑，进水口建在田埂上，排水口建在沟渠的最低处，按照高灌低排格局，保证灌得进，排得出。

池塘进排水渠道分设，进水口建在塘埂上，排水口设在沟渠最低位置，用多孔砖围一个 $4 \sim 5$ m² 的小池，脏水入池后排出而鳖不能进入。若是开对角沟，则排水口设三层六个 13.33 cm 排水管，上层二个用于控制稻田水位，中层二个控制插秧时水位，下层二个用于干塘排水。

5.4　设置食台和晒背台

在田间沟一侧设置两个食台，长 3 m、宽 0.5 m，食台一端在埂上，另一端没入水下 $5 \sim 10$ cm，食台同时可作为晒背台。

5.5　防逃、防盗设施

在稻田四周田埂外侧加设防护设施如水泥板、防护网等，以防逃防敌害。防护设备水泥板应高出地面 $0.5 \sim 1.0$ m，应深埋入土 $30 \sim 50$ cm，内壁光滑；若是防护网还要在网的上端向稻田内出檐 $10 \sim 15$ cm，成"Γ"形，以防成鳖上网或挖洞逃逸。防逃设施应符合 GB/T 26876 的要求。同时，在防逃墙外侧约 1.5 m 用铁丝网或篱笆设置围墙，防止人靠近偷盗。有条件的可安装远程互联网监控等防盗措施。

6　水稻栽培

6.1　品种选择

水稻品种选择适合当地的抗病力强、抗倒伏、分蘖强、高产、口感好的品种。

6.2　稻田整理

稻田的整理可按平时水稻田间整理方法进行，最好选用机械耕作，尽可能地缩短整理时间，减少田间整理操作时对环沟水质的影响。

6.3　秧苗移植

5 月育秧，6 月中旬进行机插秧，水稻栽植前施草木灰作基肥，以后施用化肥。采用"双龙出海"插秧方式，即宽行窄株插秧法，种植密度以 25 cm × 16 cm 为宜。可采用机插或人工移栽方式进行栽插，操作按 DB 34/T 1701 的规定执行。6 月前后种植的水稻每公顷 15 万丛左右，一般机插秧的行距固定在 30 cm，株距可根据不同季节、不同品种调整，以 20 cm 左右为宜，以便为鳖在秧苗行株距中爬行活动提供方便。

7　中华鳖放养

7.1　苗种选择

苗种应来源于苗种生产许可证的苗种场，宜选用良种，要求规格整齐、体质健壮、无病害发生，质量符合 SC/T 1107 的要求。放养前应使用生石灰对稻田和鳖沟进行彻底清整消毒。

7.2　放养时间

鳖的放养时间为 3—5 月，应在水稻插秧前放养，先限制鳖在沟坑中，待秧苗返青后再取消限制；幼鳖的放养时间为 5—6 月，在插秧 20 d 后进行。稚鳖的放养时间为 7—9 月，直接放稻田里。

7.3　放养密度

每公顷放养亲鳖（3 龄以上，750 g 以上）750 ~ 1 500 只，或每公顷放养商品鳖（250 ~ 500 g）2 250 ~ 4 500 只，或每公顷放养幼鳖（50 ~ 250 g）4 500 ~ 7 500 只，或稚鳖（4 g 左右）75 000 ~ 90 000 只。

7.4　放养方法

鳖种投放主要有两种方式：一是先稻后鳖。每年 5—6 月种植水稻，7—8 月放养幼鳖。每公顷放养 0.2 ~ 0.4 kg 规格的幼鳖 4 500 只左右，放养前用 20 mg/L NaCl 溶液或碘富浸泡 3 ~ 5 min 消毒。二是先鳖后稻。在稻田插秧前半个月至 1 个月放养幼鳖，一般 4 月放养幼鳖，5 月插秧种植水稻，若是机插秧，应先放干水，2 ~ 3 d 后鳖躲到鳖沟以后再机插秧。为了控制水质，还可以在环沟放养少量大规格鲢、鳙和螺蛳。放养前的消毒和放养方法应符合 GB/T 26876 的要求。

8 共作管理

8.1 共作

利用鳖的杂食性及昼夜不息的活动习性,为稻田除草、除虫、驱虫、肥田,同时稻田也为鳖提供活动、休息和充足的水与丰富的食物,稻鳖共作的技术要求和技术评价应符合 SC/T 1135.1 的要求。

8.2 水位控制

根据水稻和中华鳖不同生长期的不同生长需求,适当逐步的增减水位,一般水位保持 10~15 cm,插秧后前期以浅水勤灌为主,田间水层不超过 3~4 cm;穗分化后,逐步提高水位并保持在 10~15 cm。高温季节,在保证不影响水稻生长的情况下,保证水位在 20 cm 以上,并且适当增加水花生等水生植物的栽植面积。

8.3 水稻施肥

施肥原则为基肥为主,追肥为辅;家肥为主,化肥为辅。3 月上旬,将发酵腐熟的人畜粪以每公顷 12 000~15 000 kg 作基肥使用;插秧前根据土壤肥沃程度可适量施用发酵腐熟的鸡粪作为追肥使用。有机肥料应符合 NY/T 1868 规定的要求。

8.4 中华鳖饲养管理

采用"定时、定点、定质、定量"原则。提倡投喂鳖专用人工配合饲料,日均投喂量为鳖重的 1%~2%。以 1 h 内食完为宜,根据气温及摄食情况对应调整,种养过程中,可适当搭配一些田螺、鱼虾类等活饵供鳖食用,以利于节省饲料成本和提高鳖的品质。饲料投喂管理和设置应符合 GB/T 26876 的要求。设置食台的,食台应符合 GB/T 26876 的要求。

8.5 除草

利用鳖昼夜不息的觅食活动来除草,对于残留的少量杂草可以人工拔除,禁用除草剂。

8.6 水稻病虫害防治

提倡安装太阳能诱虫灯、性诱捕器、栽种蜜源植物或香根草等,诱捕成虫或越冬蟆虫,降低水稻病虫虫源基数。在田区间外部每 2 hm² 面积安装一台太阳能诱虫灯，同时在池塘堤坝和机耕路旁空闲地带种植芝麻，利用芝麻开花期吸引的蜜蜂来降低虫害发生概率。病虫害发生时按 SC/T 1009 的要求执行。

8.7　鳖病防治

坚持"预防为主，防治结合"的原则。每天清洗食台，鳖沟定期用漂白粉和生石灰消毒，防止病害发生。鳖病防治按 GB/T 26876 的要求执行。

8.8　防敌害

及时清除水蛇、水老鼠等敌害生物，驱赶鸟类，有条件的地方可设置防护网。

9　收获

9.1　水稻收割

9 月初水稻稻穗逐步饱和后逐步搁田，于 10 月下旬至 11 月上旬机械化收割，烘干、加工、仓储等亦全机械化操作。

9.2　鳖的捕捞

9 月搁田后，让中华鳖自行爬出田块进入越冬池塘，同时将池塘水位适当降低，保证鳖只进不出，直到 10 月初利用铁皮彻底拦截池塘与稻田通道。水稻收割后，将稻田中残留中华鳖人工捕捉到越冬池塘，集中越冬。根据市场需求，采取捕大留小方式分批供应。

[1] 戈阳，赵永锋，蒋高中.我国鳖产业发展现状与展望[J].江苏农业科学，2013，41（5）：411.

[2] 轩子群.中华鳖健康养殖实用新技术[M].北京：海洋出版社，2009.

[3] 李秋菊.鳖的科学养殖技术[J].特种经济动植物，2007（6）：11.

[4] 郑天伦，张海琪.中华鳖腐皮病的病原鉴定与药敏研究[J].浙江农业学报，2015，27（1）：32-36.

[5] 方伟，杨移斌.中华鳖主要病害及其防控措施[J].海洋与渔业，2016（6）：78-79.

[6] 黄艳华，刘杰，胡大胜，等.人工养殖黄沙鳖红底板病病原菌的分离鉴定及药敏试验[J].广西畜牧兽医，2014，30（3）：118-121.

[7] 薛俊敏，张飞，阳钢，等.中华鳖"红脖子病"组织病理观察、病原鉴定及药敏试验[J].南昌大学学报（理科版），2017，41（5）：504-510.

[8] 牟群，林启存，潘连德.中华鳖白底板病及有白底板症状疾病的诊断和控制[J].水产科技情报，2011，38（6）：298-301，306.

[9] 陈爱平，江育林，钱冬，等.鳖腮腺炎病[J].中国水产，2012（4）：53-54.

[10] 牟群，徐培培，潘连德.中华鳖小肠出血病的组织病理学诊断[J].动物医学进展，2013，34（7）：121-126.

[11] 白二元.中华鳖水霉病的防治[J].特种经济动植物，2018，21（5）：10-11.

[12] 张彩凤.中华鳖常见疾病及其综合防控[J].畜牧与饲料科学，2012，33（1）：89-90.

[13] 赵春光.龟鳖产品民众消费形成　质量安全仍是今后重点[J].当代水产，2018（10）：52-53.

郑重声明

高等教育出版社依法对本书享有专有出版权。任何未经许可的复制、销售行为均违反《中华人民共和国著作权法》，其行为人将承担相应的民事责任和行政责任；构成犯罪的，将被依法追究刑事责任。为了维护市场秩序，保护读者的合法权益，避免读者误用盗版书造成不良后果，我社将配合行政执法部门和司法机关对违法犯罪的单位和个人进行严厉打击。社会各界人士如发现上述侵权行为，希望及时举报，我社将奖励举报有功人员。

反盗版举报电话　　(010)58581999　58582371

反盗版举报邮箱　dd@hep.com.cn

通信地址　北京市西城区德外大街4号　高等教育出版社法律事务部

邮政编码　100120

读者意见反馈

为收集对教材的意见建议，进一步完善教材编写并做好服务工作，读者可将对本教材的意见建议通过如下渠道反馈至我社。

咨询电话　400-810-0598

反馈邮箱　gjdzfwb@pub.hep.cn

通信地址　北京市朝阳区惠新东街4号富盛大厦1座　高等教育出版社总编辑办公室

邮政编码　100029

防伪查询说明

用户购书后刮开封底防伪涂层，使用手机微信等软件扫描二维码，会跳转至防伪查询网页，获得所购图书详细信息。

防伪客服电话　　(010)58582300